U0332269

中华人民共和国住房和城乡建设部

园林绿化工程消耗量定额

ZYA 2 -31 -2018

中 国 计 划 出 版 社

2018 北 京

图书在版编目（CIP）数据

园林绿化工程消耗量定额 : ZYA2-31-2018 / 贵州省建筑设计研究院有限责任公司主编. -- 北京 : 中国计划出版社, 2018.12
ISBN 978-7-5182-0954-5

Ⅰ. ①园… Ⅱ. ①贵… Ⅲ. ①园林－绿化－消耗定额－贵州 Ⅳ. ①TU986.3

中国版本图书馆CIP数据核字(2018)第249204号

园林绿化工程消耗量定额
ZYA 2－31－2018
贵州省建筑设计研究院有限责任公司　主编

中国计划出版社出版发行
网址：www. jhpress. com
地址：北京市西城区木樨地北里甲 11 号国宏大厦 C 座 3 层
邮政编码：100038　电话：(010) 63906433（发行部）
北京市科星印刷有限责任公司印刷

880mm×1230mm　1/16　15.75 印张　465 千字
2018 年 12 月第 1 版　2018 年 12 月第 1 次印刷
印数 1—4000 册

ISBN 978-7-5182-0954-5
定价：88.00 元

主编部门：中华人民共和国住房和城乡建设部

批准部门：中华人民共和国住房和城乡建设部

施行日期：2 0 1 8 年 1 2 月 1 日

住房城乡建设部关于印发
园林绿化工程消耗量定额的通知

建标〔2018〕83 号

各省、自治区住房城乡建设厅，直辖市建委，国务院有关部门：

为贯彻落实中央城市工作会议精神，服务生态修复工程，满足工程计价需要，我部组织编制了《园林绿化工程消耗量定额》编号为 ZYA 2－31－2018，现印发给你们，自 2018 年 12 月 1 日起执行。执行中遇到的问题和有关建议请及时反馈我部标准定额司。

《园林绿化工程消耗量定额》由我部标准定额研究所组织中国计划出版社出版发行。

中华人民共和国住房和城乡建设部

2018 年 8 月 28 日

总 说 明

一、《园林绿化工程消耗量定额》(以下简称“本定额”)包括绿化工程,园路、园桥工程,园林景观工程,屋面工程,喷泉及喷灌工程,边坡绿化生态修复工程及措施项目共7章。

二、本定额是完成规定计量单位分部分项工程、措施项目所需的人工、材料、施工机械台班的消耗量标准,是各地区、部门工程造价管理机构编制建设工程定额确定消耗量、编制国有投资工程投资估算、设计概算、最高投标限价的依据。

三、本定额适用于城镇范围内的新建、扩建和改建园林绿化工程。

四、本定额以国家和有关部门发布的国家现行设计规范、施工及验收规范、技术操作规程、质量评定标准、产品标准和安全操作规程,现行工程量清单计价规范、计算规范和有关定额为依据编制,并参考了有关地区和行业标准、定额,以及典型工程设计、施工和其他资料。

五、本定额按正常施工条件,国内大多数施工企业采用的施工方法、机械化程度和合理的劳动组织及工期进行编制。

1. 设备、材料、成品、半成品、构配件完整无损,符合质量标准和设计要求,附有合格证书和试验记录。

2. 正常的气候、地理条件和施工环境。

六、本定额未包括的项目,可按其他相应工程消耗量定额计算,如仍缺项的,应编制补充定额,并按有关规定报住房城乡建设部备案。

七、关于人工:

1. 本定额中的人工以合计工日表示,并分别列出普工、一般技工和高级技工的工日消耗量。

2. 本定额中的人工包括基本用工、超运距用工、辅助用工和人工幅度差。

3. 本定额中的人工每工日按8小时工作制计算。

八、关于材料:

1. 本定额中的材料包括施工中消耗的主要材料、辅助材料、周转材料和其他材料。

2. 本定额中的材料消耗量包括净用量和损耗量。损耗量包括:从工地仓库、现场集中堆放地点(或现场加工地点)至操作(或安装)地点的施工场内运输损耗、施工操作损耗、施工现场堆放损耗等,规范或设计文件规定的预留量、搭接量不在损耗率中考虑。

3. 本定额中的混凝土、砌筑砂浆、抹灰砂浆等均按半成品消耗量以体积(m^3)表示,其配合比由各地区、部门按现行规范及当地材料质量情况进行编制。

4. 本定额中所使用混凝土按运至施工现场的预拌混凝土编制,实际采用现场搅拌混凝土浇捣,人工、机械具体调整如下:

(1)增加一般技工0.80工日/m^3;

(2)增加混凝土搅拌机(400L)0.052台班/m^3。

5. 定额中混凝土的养护除另有说明外,均按自然养护考虑。

6. 本定额中所使用的砂浆均按预拌砂浆编制,实际采用现拌砂浆,人工、机械具体调整如下:

(1)增加一般技工0.382工日/m^3;

(2)将原定额中干混砂浆罐式搅拌机调整为200L灰浆搅拌机,台班消耗量不变。

7. 本定额中所采用的材料、半成品、成品品种、规格型号与设计不符时,可按各章规定调整。

8. 本定额中的周转性材料按不同施工方法,不同类别、材质,计算出一次摊销量进入消耗量定额。

9. 本定额中的用量少、低值易耗的零星材料,列为其他材料。

九、关于施工机械:

1. 本定额中的机械按常用机械、合理机械配备和施工企业的机械化装备程度,并结合工程实际综合确定。

2. 本定额中的机械台班消耗量按正常机械施工工效并考虑机械幅度差综合确定，每个台班按 8 小时工作制计算。

3. 凡单位价值 2000 元以内、使用年限在一年以内的不构成固定资产的施工机械，不列入机械台班消耗量，作为工具用具在建筑安装工程费中的企业管理费考虑，其消耗的燃料动力等已列入材料。

十、关于水平和垂直运输：

本定额材料（植物）、成品、半成品包括自现场仓库或现场指定堆放地点运至操作（或安装）地点的水平和垂直运输。

1. 场内水平运输。水平运距按 100m 考虑，由于施工场地条件限制，材料（植物）、成品、半成品不能一次运输到达堆放地点或从堆放地点到达操作（或安装）地点的距离超过水平运距 100m 时，超过部分按各章节相关规定执行。

2. 垂直运输。采用人力垂直运输，坡度大于 15% 且垂直运输高差超过 1.5m 应计算人工垂直运输费用，垂直运输按垂直高度每米折合水平运距 7m 计算，高度按全高计算。

十一、本定额中的工作内容已说明了主要的施工工序，次要工序虽未说明，但均已包括在内。

十二、施工与生产同时进行或在有害身体健康的环境中施工时的降效增加费，本定额未考虑，发生时另行计算。

十三、《园林绿化工程工程量计算规范》GB 50858—2013 中的安全文明施工及其他措施项目（二次搬运除外）本定额未编入，由各地区、部门自行考虑。

十四、本定额适用于海拔 2000m 以下的地区，海拔超过 2000m 时，由各地区、部门结合高原地区的特殊情况，制订调整办法。

十五、附录一术语适用于本定额。

十六、本定额中使用到两个或两个以上系数时，按连乘法计算。

十七、本定额中注有“××以内”或“××以下”及“小于”者，均包括“××”本身，“××以外”或“××以上”及“大于”者，则不包括“××”本身。

十八、定额说明中未注明（或省略）尺寸单位的宽度、厚度、断面等，均以“mm”为单位。

十九、凡本说明未尽事宜，详见各章说明和附录。

目　录

第一章　绿化工程

第二章　园路、园桥工程

第三章 园林景观工程

第四章 屋面工程

第五章 喷泉及喷灌工程

第六章 边坡绿化生态修复工程

第七章 措施项目

附录

第一章　绿 化 工 程

说　　明

一、本章包括绿地整理、起挖植物、汽车运输苗木、栽植植物、栽植工程植物养护、洒水车浇水共六节。

二、本章人工、机械消耗量均包括工作区域内的场地清理,未考虑施工前垃圾、障碍物清除及施工前的平整场地,施工前的平整场地按本定额第二章“园路、园桥工程”中园路土基路床整理定额项目执行。

三、砍伐乔木适用于《城市绿化条例》规定的施工场地内死亡或濒临死亡植物的砍伐及装车外运。

四、回填种植土分为人工和机械回填,执行回填种植土定额项目的,不再计整理绿化种植地定额项目。

五、人工换土是指单株(坑)植物种植点土质不能满足植物生长时,采取种植土换填;绿篱、地被、露地花卉及草本类植物换土按成片换土执行回填种植土定额项目。换填种植土消耗量与定额不同时,可按设计或施工组织设计要求调整,人工、机械按种植土调整比例相应调整。余土外运执行《市政工程消耗量定额》ZYA1 - 31 - 2015 相应定额项目。

六、整理绿化种植地是指施工场地内原有种植土厚度≤30cm 的挖填翻松、耙细平整。

七、绿地起坡造型是指绿化种植地坡顶与坡底高差 0.3 ~ 1.0m 或坡度≤30% 的土坡造型堆置。

八、起挖、栽植植物均以一、二类土考虑。遇三类土定额人工乘以系数 1.34,四类土定额人工乘以系数 1.76,冻土定额人工乘以系数 2.2;遇打凿石方或其他障碍物,按《市政工程消耗量定额》ZYA1 - 31 - 2015 相应定额项目执行;遇机械挖树坑,除执行机械挖树坑定额项目外,相应的栽植定额人工调减 30%;起挖植物包括回土填坑。

九、起挖、栽植乔灌木,土球、胸径、冠径规格按设计要求确定。设计无规定时,乔木土球直径按胸径的 6 ~ 8 倍计算,棕榈类土球直径按地径 2 倍计算;灌木类土球直径按冠径的 40% 计算。

十、起挖、栽植乔木定额项目,优先考虑胸径,在无法测量胸径时按干径计算;分枝点小于 1.2m 的乔木按干径规格执行,分枝点小于 0.3m 的乔木按冠幅规格执行灌木相应定额项目。

本章定额中植物规格允许偏差按《园林绿化工程施工及验收规范》CJJ/T 82 中表 4.3.4 的相关规定执行。

十一、起挖植物、汽车运输苗木定额项目适用于绿化工程中植物迁移,不适用于新建绿化工程或新栽植物项目。新建绿化工程或新栽植物的起挖、运输包含在苗木单价中,不另计算。

十二、植物水平运输运距超过 100m 时,每超过 10m 按对应规格栽植定额项目人工增加 1.5% 计算,不足 10m 按 10m 计算。其他材料水平运输运距超过 100m 时,按本定额第七章相应定额项目执行。

十三、汽车运输苗木定额项目中,乔、灌木运输均为带土球苗木,裸根乔木运输按带土球乔木运输的 25% 计,裸根灌木运输按带土球灌木运输的 20% 计。

十四、绿化工程植物成活率按《园林绿化工程施工及验收规范》CJJ/T 82 执行,植物栽植定额中苗木消耗量已考虑损耗,损耗率见表。

绿化植物栽植损耗率表

序号	项 目 名 称	植物损耗率(%)
1	乔木带土球	1
2	乔木裸根	1.5
3	灌木带土球	1
4	灌木裸根	1.5
5	片植灌木	2
6	单、双排绿篱	2

续表

序号	项 目 名 称	植物损耗率(%)
7	攀缘植物	2
8	竹类	4
9	棕榈类	5
10	水生植物	5
11	盆花	2
12	一、二年生草本花卉	8
13	球根、块根及宿根花卉	4
14	地被植物	2
15	草皮	5

片植灌木、绿篱、露地花卉、地被植物、水生植物若设计种植量与定额消耗量不同时,按设计种植量×(1+损耗率)调整相应定额项目中的苗木消耗量,其他不变。

栽植植物定额中水的消耗量按一、二类土质考虑,若遇其他土质,各地自行设置系数调整水消耗量。

十五、连片灌木面积≤3m^2 或种植密度≤5 株/m^2,执行单株灌木栽植定额项目;单排灌木种植密度≤3 株/m 或双排灌木种植密度≤5 株/m,执行单株灌木定额项目;连片灌木种植排数≥3 排、面积>3m^2 且种植密度>5 株/m^2 执行成片栽植定额项目。

十六、地被植物定额项目适用于覆盖地面密集、低矮、无主枝干的植物。本定额已列项的地被植物定额项目,如片植灌木,一、二年生草本花卉,球根、块根及宿根花卉等按相应定额项目执行;本定额未列项的其他类地被植物均按地被植物定额项目执行。

十七、假植按栽植、养护定额项目乘以系数 0.4 执行,不计苗木消耗量。假植认定以施工组织设计及现场签证为依据,假植时间按不超过 1 个月考虑。超过 1 个月的由甲乙双方在合同中另行约定。

十八、在 30°<坡度≤45°的地块起挖、栽植、养护花草树木及盆花布置时,相应定额项目人工乘以系数 1.2;坡度>45°时各地根据具体措施自行考虑调整系数。垂直墙体绿化、高架桥绿化的栽植、养护按相应定额项目人工、机械乘以系数 1.4。

十九、栽植工程植物养护定额项目按《园林绿化工程施工及验收规范》CJJ/T 82 编制,结合植物生物学特性,不同种类植物设置养护月调整系数,以月计算,不足 1 个月按 1 个月计,栽植工程植物养护月调整系数见表 1.1-2;同时为适应我国不同的气候条件,根据《建筑气候区划标准》7 个主气候区设置栽植工程植物养护气候区系数见表 1.1-3,各地区、部门可根据当地气候选择使用。

栽植工程植物养护月调整系数表

植 物 类 别	月调整系数
乔木、灌木、攀缘植物、竹类、棕榈类	第 1 月执行相应定额×1
	第 2、3 月按相应定额×0.7
	第 4、5、6 月按相应定额×0.4
	第 7 月起按相应定额×0.3
一、二年生草本花卉	按月执行相应定额×1
宿根花卉、块球根花卉、地被植物、草坪	第 1 月执行相应定额×1
	第 2、3 月按相应定额×0.7
	第 4 月起按相应定额×0.4
水生植物	第 1 月执行相应定额×1
	第 2 月起按相应定额×0.3

栽植工程植物养护气候区系数表

名称	建筑气候区划						
	Ⅰ气候区	Ⅱ气候区	Ⅲ气候区	Ⅳ气候区	Ⅴ气候区	Ⅵ气候区	Ⅶ气候区
全年平均降雨量（mm）	200～800	400～800	600～1600	1200～2000	800～1600	50～800	50～500
年降雨量系数	0.2	0.4	0.6	1.2	0.8	0.05	0.05 以下
气候区养护系数	1.5		1	0.85	1.1	2	

注：1. 年降雨量系数是以年平均降雨量 1000mm 为基数，以每个气候区的最小降雨量除以 1000mm 所得；

2. 本表系数适用于定额项目人工和水消耗量的调整。

二十、洒水车浇水适用于绿化施工现场无自有水源的情况，栽植工程植物养护期内按施工组织设计区分不同规格苗木或用水量执行洒水车浇水相应定额项目。栽植工程植物养护期不足 1 年时，按年折算成月使用。洒水车浇水定额项目包含 10km 内取水，超运距部分各地另行确定。

二十一、大规格树木移植和古树名木的保护性移植应符合国家及省行政主管部门的有关规定。超出定额项目规格上限的植物，由甲、乙双方在合同中另行约定。

二十二、本章按正常栽植季节考虑，若遇非适宜季节栽植、养护，各地可根据当地气候确定非适宜季节调整系数。

工程量计算规则

一、砍伐乔木、挖乔木树根、砍挖灌木按设计图示数量以“株”计算,砍挖竹类按设计图示数量以“株(丛)”计算,砍挖片植灌木和绿篱、铲挖水生植物、清除草皮、地被和露地花卉按设计图示尺寸以面积计算。

二、回填种植土按设计图示尺寸以体积计算。

三、人工换土按不同植物设计图示数量以“株”计算。

四、整理绿化种植用地按设计图示尺寸以面积计算。

五、绿地起坡造型按设计图示尺寸以体积计算。

六、乔木起挖和栽植分带土球和裸根按设计图示数量以“株”计算,养护分常绿和落叶按设计图示数量以“株”计算。

七、单株灌木起挖和栽植分带土球和裸根按设计图示数量以“株”计算,养护分常绿和落叶按设计图示数量以“株”计算;片植灌木起挖、栽植和养护按设计图示尺寸以面积计算;单排和双排绿篱起挖、栽植和养护按设计图示尺寸以延长米计算。

八、棕榈类起挖、栽植和养护按设计图示数量以“株”计算。

九、散生竹起挖、栽植和养护按设计图示数量以“株”计算,丛生竹起挖、栽植和养护按设计图示数量以“丛”计算。

十、攀缘植物起挖、栽植和养护按设计图示数量以“株”计算。

十一、地被植物、露地花卉和草坪的起挖、栽植及养护按设计图示尺寸以面积计算;盆花布置按设计图示数量以盆计,盆花养护执行露地花卉定额项目按设计图示尺寸以面积计算;植草砖内植草按植草砖铺装设计图示尺寸以面积计算。

十二、水生植物栽植按设计图示数量以“丛”计算(荷花栽植按“株”计算,两节以上带芽为1株),养护按设计图示尺寸以面积计算。

十三、垂直墙体绿化的龙骨基层、垂直绿化板、垂直绿化墙、沿口种植槽绿化和立体造型绿化按设计图示尺寸以面积计算;立体花卉基质填充按设计图示尺寸以体积计算,垂直墙体绿化养护按设计图示尺寸以面积计算。

十四、乔木、灌木、散生竹、棕榈类、攀缘植物和水生植物的运输按设计图示数量以“株”计算,丛生竹运输按设计图示数量以“丛”计算,盆花运输按设计图示数量以“盆”计算,散装花苗和球根、块根、宿根类花卉运输按设计图示数量以“株”计算,地被植物及草皮运输按设计图示尺寸以面积计算。

十五、洒水车浇水定额执行时,可按用水量或各类植物不同规格计算。按各类植物不同规格计算时,乔木和单株灌木按设计图示数量以“株”计算;单排、双排绿篱按设计图示尺寸以延长米计算;成片灌木按设计图示尺寸以面积计算;散生竹按设计图示数量以“株”计算,丛生竹按设计图示数量以“丛”计算;攀缘植物按设计图示数量以“株”计算;露地花卉、地被植物和草坪按设计图示尺寸以面积计算。

一、绿 地 整 理

1. 砍 伐 乔 木

工作内容：锯干、截枝、集中堆放、装车外运、清理场地等。

计量单位：100 株

定额编号				1-1	1-2	1-3	1-4
项目				砍伐乔木			
				干径≤10cm		干径＞20cm	
				运距 1km 以内	运距每增加 1km	运距 1km 以内	运距每增加 1km
名称			单位	消耗量			
人工	合计工日		工日	3.310	—	16.640	—
	其中	普工	工日	3.310	—	16.640	—
		一般技工	工日	—	—	—	—
		高级技工	工日	—	—	—	—
材料	汽油		L	19.930	—	22.140	—
机械	载货汽车 装载质量 5t		台班	0.970	0.060	2.552	0.100

工作内容：锯干、截枝、集中堆放、装车外运、清理场地等。

计量单位：100 株

定额编号				1-5	1-6	1-7	1-8
项目				砍伐乔木			
				干径≤30cm		干径≤40cm	
				运距 1km 以内	运距每增加 1km	运距 1km 以内	运距每增加 1km
名称			单位	消耗量			
人工	合计工日		工日	30.500	—	61.090	—
	其中	普工	工日	30.500	—	61.090	—
		一般技工	工日	—	—	—	—
		高级技工	工日	—	—	—	—
材料	汽油		L	24.600	—	27.060	—
机械	载货汽车 装载质量 5t		台班	3.730	0.165	5.600	0.272
	汽车式起重机 提升质量 12t		台班	—	—	6.720	—
	绿化高空修剪车 提升高度 12m		台班	4.476	—	—	—
	绿化高空修剪车 提升高度 20m		台班	—	—	6.720	—

工作内容：锯干、截枝、集中堆放、装车外运、清理场地等。　　　　计量单位：100 株

定额编号				1-9	1-10	1-11	1-12
项目				砍伐乔木			
				干径≤50cm		干径＞50cm	
				运距 1km 以内	运距每增加 1km	运距 1km 以内	运距每增加 1km
名称			单位	消耗量			
人工	合计工日		工日	90.680	—	203.320	—
	其中	普工	工日	90.680	—	203.320	—
		一般技工	工日	—	—	—	—
		高级技工	工日	—	—	—	—
材料	汽油		L	29.770	—	32.740	—
机械	载货汽车 装载质量 5t		台班	8.400	0.448	—	—
	载货汽车 装载质量 8t		台班	—	—	12.590	0.537
	汽车式起重机 提升质量 16t		台班	10.910	—	13.320	—
	绿化高空修剪车 提升高度 20m		台班	10.910	—	13.320	—

2. 挖乔木树根

工作内容：挖树根(蔸)、集中堆放、装车外运、清理场地等。　　　　计量单位：100 株

定额编号				1-13	1-14	1-15	1-16
项目				挖乔木树根			
				干径≤20cm		干径≤30cm	
				运距 1km 以内	运距每增加 1km	运距 1km 以内	运距每增加 1km
名称			单位	消耗量			
人工	合计工日		工日	19.970	—	36.600	—
	其中	普工	工日	19.970	—	36.600	—
		一般技工	工日	—	—	—	—
		高级技工	工日	—	—	—	—
机械	载货汽车 装载质量 8t		台班	0.887	0.018	1.608	0.030
	汽车式起重机 提升质量 8t		台班	0.343	—	0.855	—

工作内容：挖树根(蔸)、集中堆放、装车外运、清理场地等。　　**计量单位**：100 株

定额编号				1-17	1-18	1-19	1-20
项目				挖乔木树根			
				干径≤40cm		干径≤50cm	
				运距 1km 以内	运距每增加 1km	运距 1km 以内	运距每增加 1km
名称			单位	消耗量			
人工	合计工日		工日	73.310	—	108.820	—
	其中	普工	工日	73.310	—	108.820	—
		一般技工	工日	—	—	—	—
		高级技工	工日	—	—	—	—
机械	载货汽车 装载质量 8t		台班	2.331	0.050	3.496	0.075
	汽车式起重机 提升质量 8t		台班	1.565	—	2.637	—

工作内容：挖树根(蔸)、集中堆放、装车外运、清理场地等。　　**计量单位**：100 株

定额编号				1-21	1-22
项目				挖乔木树根	
				干径 > 50cm	
				运距 1km 以内	运距每增加 1km
名称			单位	消耗量	
人工	合计工日		工日	243.980	—
	其中	普工	工日	243.980	—
		一般技工	工日	—	—
		高级技工	工日	—	—
机械	载货汽车 装载质量 8t		台班	4.894	0.105
	汽车式起重机 提升质量 8t		台班	3.915	—

3. 砍挖灌木

工作内容：砍挖、集中堆放、装车外运、清理场地等。　　计量单位：100株

定额编号				1-23	1-24	1-25	1-26
项目				砍挖单株灌木			
				冠径≤60cm		冠径≤80cm	
				运距1km以内	运距每增加1km	运距1km以内	运距每增加1km
名称			单位	消耗量			
人工	合计工日		工日	2.150	—	2.470	—
	其中	普工	工日	2.150	—	2.470	—
		一般技工	工日	—	—	—	—
		高级技工	工日	—	—	—	—
机械	载货汽车 装载质量5t		台班	0.217	0.014	0.315	0.015

工作内容：砍挖、集中堆放、装车外运、清理场地等。　　计量单位：100株

定额编号				1-27	1-28	1-29	1-30
项目				砍挖单株灌木			
				冠径≤100cm		冠径≤150cm	
				运距1km以内	运距每增加1km	运距1km以内	运距每增加1km
名称			单位	消耗量			
人工	合计工日		工日	3.000	—	6.000	—
	其中	普工	工日	3.000	—	6.000	—
		一般技工	工日	—	—	—	—
		高级技工	工日	—	—	—	—
机械	载货汽车 装载质量5t		台班	0.413	0.018	0.819	0.028

工作内容：砍挖、集中堆放、装车外运、清理场地等。

计量单位：100 株

定额编号				1-31	1-32	1-33	1-34
项目				砍挖单株灌木			
				冠径≤200cm		冠径≤250cm	
				运距 1km 以内	运距每增加 1km	运距 1km 以内	运距每增加 1km
名称			单位	消耗量			
人工	合计工日		工日	10.000	—	17.000	—
	其中	普工	工日	10.000	—	17.000	—
		一般技工	工日	—	—	—	—
		高级技工	工日	—	—	—	—
机械	载货汽车 装载质量 5t		台班	1.222	0.044	1.782	0.082

工作内容：砍挖、集中堆放、装车外运、清理场地等。

计量单位：$100m^2$

定额编号				1-35	1-36
项目				砍挖片植灌木和绿篱	
				运距 1km 以内	运距每增加 1km
名称			单位	消耗量	
人工	合计工日		工日	3.430	—
	其中	普工	工日	3.430	—
		一般技工	工日	—	—
		高级技工	工日	—	—
机械	载货汽车 装载质量 5t		台班	0.496	0.021

4. 砍挖竹类

工作内容：截干、挖竹根、集中堆放、装车外运、清理场地等。　　计量单位：100株

定额编号			1-37	1-38	1-39	1-40
项目			砍挖散生竹			
			胸径≤2cm		胸径≤4cm	
			运距1km以内	运距每增加1km	运距1km以内	运距每增加1km
名称		单位	消耗量			
人工	合计工日	工日	0.795	—	1.136	—
	其中 普工	工日	0.795	—	1.136	—
	其中 一般技工	工日	—	—	—	—
	其中 高级技工	工日	—	—	—	—
机械	载货汽车 装载质量5t	台班	0.064	0.005	0.087	0.006

工作内容：截干、挖竹根、集中堆放、装车外运、清理场地等。　　计量单位：100株

定额编号			1-41	1-42	1-43	1-44
项目			砍挖散生竹			
			胸径≤6cm		胸径≤8cm	
			运距1km以内	运距每增加1km	运距1km以内	运距每增加1km
名称		单位	消耗量			
人工	合计工日	工日	1.623	—	2.318	—
	其中 普工	工日	1.623	—	2.318	—
	其中 一般技工	工日	—	—	—	—
	其中 高级技工	工日	—	—	—	—
机械	载货汽车 装载质量5t	台班	0.118	0.007	0.160	0.007

工作内容:截干、挖竹根、集中堆放、装车外运、清理场地等。

计量单位: 100 株

定额编号				1-45	1-46
项目				砍挖散生竹	
				胸径≤10cm	
				运距 1km 以内	运距每增加 1km
名称			单位	消耗量	
人工	合计工日		工日	3.312	—
	其中	普工	工日	3.312	—
		一般技工	工日	—	—
		高级技工	工日	—	—
机械	载货汽车 装载质量 5t		台班	0.217	0.008

工作内容:截干、挖竹根、集中堆放、装车外运、清理场地等。

计量单位: 100 丛

定额编号				1-47	1-48	1-49	1-50
项目				砍挖丛生竹			
				根盘丛径≤30cm		根盘丛径≤40cm	
				运距 1km 以内	运距每增加 1km	运距 1km 以内	运距每增加 1km
名称			单位	消耗量			
人工	合计工日		工日	1.050	—	1.950	—
	其中	普工	工日	1.050	—	1.950	—
		一般技工	工日	—	—	—	—
		高级技工	工日	—	—	—	—
机械	载货汽车 装载质量 5t		台班	0.175	0.014	0.294	0.017

工作内容：截干、挖竹根、集中堆放、装车外运、清理场地等。 计量单位：100 丛

定额编号			1-51	1-52	1-53	1-54
项目			砍挖丛生竹			
			根盘丛径≤50cm		根盘丛径≤60cm	
			运距 1km 以内	运距每增加 1km	运距 1km 以内	运距每增加 1km
名称		单位	消耗量			
人工	合计工日	工日	3.600	—	6.000	—
	其中 普工	工日	3.600	—	6.000	—
	其中 一般技工	工日	—	—	—	—
	其中 高级技工	工日	—	—	—	—
机械	载货汽车 装载质量 5t	台班	0.581	0.021	0.819	0.024

工作内容：截干、挖竹根、集中堆放、装车外运、清理场地等。 计量单位：100 丛

定额编号			1-55	1-56	1-57	1-58
项目			砍挖丛生竹			
			根盘丛径≤70cm		根盘丛径≤80cm	
			运距 1km 以内	运距每增加 1km	运距 1km 以内	运距每增加 1km
名称		单位	消耗量			
人工	合计工日	工日	6.750	—	9.000	—
	其中 普工	工日	6.750	—	9.000	—
	其中 一般技工	工日	—	—	—	—
	其中 高级技工	工日	—	—	—	—
机械	载货汽车 装载质量 5t	台班	0.946	0.028	1.099	0.032

5. 铲挖水生植物

工作内容：铲挖、集中堆放、装车外运、清理场地等。　　计量单位：100m²

定额编号			1-59	1-60
项目			铲挖水生植物	
			运距 1km 以内	运距每增加 1km
名称		单位	消耗量	
人工	合计工日	工日	2.500	—
	其中 普工	工日	2.500	—
	其中 一般技工	工日	—	—
	其中 高级技工	工日	—	—
机械	载货汽车 装载质量 5t	台班	0.196	0.007

6. 清除草皮、地被、露地花卉

工作内容：铲除厚≤100mm 泥土的根、蔸，集中堆放、装车外运、清理场地等。　　计量单位：100m²

定额编号			1-61	1-62
项目			清除草皮、地被、露地花卉	
			运距 1km 以内	运距每增加 1km
名称		单位	消耗量	
人工	合计工日	工日	2.100	—
	其中 普工	工日	2.100	—
	其中 一般技工	工日	—	—
	其中 高级技工	工日	—	—
机械	载货汽车 装载质量 5t	台班	0.182	0.007

7. 回填种植土

工作内容：取土、碎土、分层回填、耙细、平整、清除杂物、集中堆放、清理现场、排地表水等。

计量单位：10m³

定额编号				1-63	1-64
项目				人工回填种植土	机械回填种植土
名称			单位	消耗量	
人工	合计工日		工日	1.500	0.060
	其中	普工	工日	1.500	0.060
		一般技工	工日	—	—
		高级技工	工日	—	—
材料	种植土		m³	10.500	10.500
机械	履带式推土机 功率105kW		台班	—	0.060

8. 人工单株(坑)换土

(1)乔木人工换土

工作内容：取土、装土、运到坑边等。

计量单位：10株

定额编号				1-65	1-66	1-67	1-68
项目				带土球乔木人工换土			
				胸径≤4cm/干径≤6cm	胸径≤6cm/干径≤8cm	胸径≤8cm/干径≤10cm	胸径≤10cm/干径≤12cm
名称			单位	消耗量			
人工	合计工日		工日	0.085	0.160	0.262	0.510
	其中	普工	工日	0.085	0.160	0.262	0.510
		一般技工	工日	—	—	—	—
		高级技工	工日	—	—	—	—
材料	种植土		m³	0.540	1.020	1.670	3.250

工作内容：取土、装土、运到坑边等。

计量单位：10株

定额编号			1-69	1-70	1-71	1-72
项目			带土球乔木人工换土			
			胸径≤12cm/干径≤14cm	胸径≤14cm/干径≤16cm	胸径≤16cm/干径≤18cm	胸径≤18cm/干径≤20cm
名称		单位	消耗量			
人工	合计工日	工日	0.882	1.258	1.782	2.214
	其中 普工	工日	0.882	1.258	1.782	2.214
	其中 一般技工	工日	—	—	—	—
	其中 高级技工	工日	—	—	—	—
材料	种植土	m^3	5.620	8.010	11.350	14.100

工作内容：取土、装土、运到坑边等。

计量单位：10株

定额编号			1-73	1-74	1-75	1-76
项目			带土球乔木人工换土			
			胸径≤20cm/干径≤24cm	胸径≤24cm/干径≤28cm	胸径≤28cm/干径≤32cm	胸径≤32cm/干径≤35cm
名称		单位	消耗量			
人工	合计工日	工日	2.699	3.322	5.161	6.705
	其中 普工	工日	2.699	3.322	5.161	6.705
	其中 一般技工	工日	—	—	—	—
	其中 高级技工	工日	—	—	—	—
材料	种植土	m^3	17.190	21.160	32.870	42.710

工作内容：取土、装土、运到坑边等。 计量单位：10株

定额编号				1-77	1-78	1-79	1-80
项目				带土球乔木人工换土			
				胸径≤35cm/干径≤40cm	胸径≤40cm/干径≤45cm	胸径≤45cm/干径≤50cm	胸径≤50cm/干径≤55cm
名称			单位	消耗量			
人工	合计工日		工日	8.018	10.516	12.619	14.512
	其中	普工	工日	8.018	10.516	12.619	14.512
		一般技工	工日	—	—	—	—
		高级技工	工日	—	—	—	—
材料	种植土		m^3	51.070	66.980	70.329	73.845

工作内容：取土、装土、运到坑边等。 计量单位：10株

定额编号				1-81	1-82	1-83	1-84
项目				裸根乔木人工换土			
				胸径≤4cm/干径≤6cm	胸径≤6cm/干径≤8cm	胸径≤8cm/干径≤10cm	胸径≤10cm/干径≤12cm
名称			单位	消耗量			
人工	合计工日		工日	0.024	0.086	0.182	0.308
	其中	普工	工日	0.024	0.086	0.182	0.308
		一般技工	工日	—	—	—	—
		高级技工	工日	—	—	—	—
材料	种植土		m^3	0.594	1.122	1.837	3.575

工作内容：取土、装土、运到坑边等。　　　　计量单位：10 株

定额编号			1-85	1-86	1-87	1-88
项目			裸根乔木人工换土			
			胸径≤12cm/干径≤14cm	胸径≤14cm/干径≤16cm	胸径≤16cm/干径≤18cm	胸径≤18cm/干径≤20cm
名称		单位	消耗量			
人工	合计工日	工日	0.506	0.776	1.218	1.685
人工	其中 普工	工日	0.506	0.776	1.218	1.685
人工	其中 一般技工	工日	—	—	—	—
人工	其中 高级技工	工日	—	—	—	—
材料	种植土	m^3	6.182	8.811	12.485	15.510

工作内容：取土、装土、运到坑边等。　　　　计量单位：10 株

定额编号			1-89	1-90	1-91	1-92
项目			裸根乔木人工换土			
			胸径≤20cm/干径≤24cm	胸径≤24cm/干径≤28cm	胸径≤28cm/干径≤32cm	胸径≤32cm/干径≤35cm
名称		单位	消耗量			
人工	合计工日	工日	2.256	3.616	4.946	6.010
人工	其中 普工	工日	2.256	3.616	4.946	6.010
人工	其中 一般技工	工日	—	—	—	—
人工	其中 高级技工	工日	—	—	—	—
材料	种植土	m^3	19.650	25.550	40.110	55.920

工作内容：取土、装土、运到坑边等。 计量单位：10株

定额编号			1-93	1-94	1-95	1-96
项目			裸根乔木人工换土			
			胸径≤35cm/干径≤40cm	胸径≤40cm/干径≤45cm	胸径≤45cm/干径≤50cm	胸径≤50cm/干径≤55cm
名称		单位	消耗量			
人工	合计工日	工日	7.844	9.748	11.698	14.037
	其中 普工	工日	7.844	9.748	11.698	14.037
	其中 一般技工	工日	—	—	—	—
	其中 高级技工	工日	—	—	—	—
材料	种植土	m^3	61.512	67.663	74.430	81.872

(2)灌木人工换土

工作内容：取土、装土、运到坑边等。 计量单位：10株

定额编号			1-97	1-98	1-99	1-100
项目			带土球灌木人工换土			
			冠径(cm)			
			≤40	≤60	≤80	≤100
名称		单位	消耗量			
人工	合计工日	工日	0.019	0.027	0.100	0.181
	其中 普工	工日	0.019	0.027	0.100	0.181
	其中 一般技工	工日	—	—	—	—
	其中 高级技工	工日	—	—	—	—
材料	种植土	m^3	0.120	0.170	0.640	1.150

工作内容：取土、装土、运到坑边等。　　　　**计量单位**：10株

定额编号				1-101	1-102	1-103
项目				带土球灌木人工换土		
				冠径(cm)		
				≤150	≤200	≤250
名称			单位	消耗量		
人工	合计工日		工日	0.265	0.350	0.476
	其中	普工	工日	0.265	0.350	0.476
		一般技工	工日	—	—	—
		高级技工	工日	—	—	—
材料	种植土		m^3	1.690	2.230	3.030

工作内容：取土、装土、运到坑边等。　　　　**计量单位**：10株

定额编号				1-104	1-105	1-106	1-107
项目				带土球灌木人工换土			
				冠径(cm)			
				≤300	≤350	≤400	>400
名称			单位	消耗量			
人工	合计工日		工日	0.593	0.845	1.214	1.531
	其中	普工	工日	0.593	0.845	1.214	1.531
		一般技工	工日	—	—	—	—
		高级技工	工日	—	—	—	—
材料	种植土		m^3	3.780	5.380	7.730	9.750

工作内容:取土、装土、运到坑边等。 **计量单位**: 10株

定额编号				1-108	1-109	1-110	1-111
项目				裸根灌木人工换土			
				冠径(cm)			
				≤40	≤60	≤80	≤100
名称			单位	消耗量			
人工	合计工日		工日	0.005	0.010	0.035	0.078
	其中	普工	工日	0.005	0.010	0.035	0.078
		一般技工	工日	—	—	—	—
		高级技工	工日	—	—	—	—
材料	种植土		m^3	0.100	0.160	0.610	1.260

工作内容:取土、装土、运到坑边等。 **计量单位**: 10株

定额编号				1-112	1-113	1-114	1-115
项目				裸根灌木人工换土			
				冠径(cm)			
				≤150	≤200	≤250	≤300
名称			单位	消耗量			
人工	合计工日		工日	0.148	0.280	0.470	0.500
	其中	普工	工日	0.148	0.280	0.470	0.500
		一般技工	工日	—	—	—	—
		高级技工	工日	—	—	—	—
材料	种植土		m^3	1.950	2.760	3.890	5.150

工作内容：取土、装土、运到坑边等。

计量单位：10株

定额编号				1-116	1-117	1-118
项目				裸根灌木人工换土		
				冠径(cm)		
				≤350	≤400	>400
名称			单位	消耗量		
人工	合计工日		工日	0.610	0.855	1.246
	其中	普工	工日	0.610	0.855	1.246
		一般技工	工日	—	—	—
		高级技工	工日	—	—	—
材料	种植土		m^3	7.690	11.180	15.020

(3)竹类人工换土

工作内容：取土、装土、运到坑边等。

计量单位：10株

定额编号				1-119	1-120	1-121	1-122	1-123
项目				散生竹人工换土				
				胸径(cm)				
				≤2	≤4	≤6	≤8	≤10
名称			单位	消耗量				
人工	合计工日		工日	0.024	0.049	0.080	0.118	0.163
	其中	普工	工日	0.024	0.049	0.080	0.118	0.163
		一般技工	工日	—	—	—	—	—
		高级技工	工日	—	—	—	—	—
材料	种植土		m^3	0.150	0.310	0.510	0.750	1.040

工作内容：取土、装土、运到坑边等。 计量单位：10 从

定额编号				1-124	1-125	1-126
项目				从生竹人工换土		
				根盘丛径(cm)		
				≤30	≤40	≤50
名称			单位	消耗量		
人工	合计工日		工日	0.127	0.182	0.287
	其中	普工	工日	0.127	0.182	0.287
		一般技工	工日	—	—	—
		高级技工	工日	—	—	—
材料	种植土		m^3	0.810	1.160	1.830

工作内容：取土、装土、运到坑边等。 计量单位：10 从

定额编号				1-127	1-128	1-129
项目				从生竹人工换土		
				根盘丛径(cm)		
				≤60	≤70	≤80
名称			单位	消耗量		
人工	合计工日		工日	0.399	0.499	0.570
	其中	普工	工日	0.399	0.499	0.570
		一般技工	工日	—	—	—
		高级技工	工日	—	—	—
材料	种植土		m^3	2.540	3.180	3.630

(4)棕榈类人工换土

工作内容:取土、装土、运到坑边等。

计量单位: 10 株

定　额　编　号				1-130	1-131	1-132	1-133
项　　　　目				棕榈类人工换土			
				地径(cm)			
				≤15	≤20	≤25	≤30
名　　称			单位	消　耗　量			
人工	合计工日		工日	0.024	0.071	0.107	0.163
	其中	普工	工日	0.024	0.071	0.107	0.163
		一般技工	工日	—	—	—	—
		高级技工	工日	—	—	—	—
材料	种植土		m^3	0.150	0.450	0.680	1.040

工作内容:取土、装土、运到坑边等。

计量单位: 10 株

定　额　编　号				1-134	1-135	1-136	1-137
项　　　　目				棕榈类人工换土			
				地径(cm)			
				≤35	≤40	≤45	≤50
名　　称			单位	消　耗　量			
人工	合计工日		工日	0.217	0.278	0.367	0.444
	其中	普工	工日	0.217	0.278	0.367	0.444
		一般技工	工日	—	—	—	—
		高级技工	工日	—	—	—	—
材料	种植土		m^3	1.380	1.770	2.340	2.830

工作内容:取土、装土、运到坑边等。 **计量单位**: 10株

定额编号				1-138	1-139	1-140	1-141
项目				棕榈类人工换土			
				地径(cm)			
				≤55	≤60	≤70	≤80
名称			单位	消耗量			
人工	合计工日		工日	0.761	0.934	1.075	1.388
	其中	普工	工日	0.761	0.934	1.075	1.388
		一般技工	工日	—	—	—	—
		高级技工	工日	—	—	—	—
材料	种植土		m^3	4.850	5.950	6.850	8.840

9.整理绿化种植地

工作内容:就地挖填厚度≤30cm、耙细、平整、找坡、清理石子杂物、排地表水等。 **计量单位**: $100m^2$

定额编号				1-142
项目				整理绿化种植地
名称			单位	消耗量
人工	合计工日		工日	3.258
	其中	普工	工日	3.258
		一般技工	工日	—
		高级技工	工日	—

10. 绿地起坡造型

工作内容：放线、设置标高桩、土方倒运、堆土、压实、修坡整形等。　　计量单位：$10m^3$

定额编号				1-143	1-144
项目				人工堆置造型	机械堆置造型
名称			单位	消耗量	
人工	合计工日		工日	1.936	0.156
	其中	普工	工日	1.936	0.156
		一般技工	工日	—	—
		高级技工	工日	—	—
材料	种植土		m^3	11.000	11.000
机械	履带式推土机 功率105kW		台班	—	0.120

11. 机械挖树坑

工作内容：挖土、就近堆放。　　计量单位：$10m^3$

定额编号				1-145
项目				机械挖树坑
名称			单位	消耗量
人工	合计工日		工日	—
	其中	普工	工日	—
		一般技工	工日	—
		高级技工	工日	—
机械	履带式反铲单斗挖掘机(液压) 斗容量$0.6m^3$		台班	0.027

二、起 挖 植 物

1.起 挖 乔 木

(1)起挖带土球乔木

工作内容:修剪、起挖、土球包扎、枝干整理、出坑、场内运输、回土填坑、场地清理等。

计量单位: 10 株

定 额 编 号				1-146	1-147	1-148	1-149
项 目				起挖乔木(带土球)			
				胸径≤4cm/干径≤6cm	胸径≤6cm/干径≤8cm	胸径≤8cm/干径≤10cm	胸径≤10cm/干径≤12cm
名 称			单位	消 耗 量			
人工	合计工日		工日	0.700	1.600	3.360	6.700
	其中	普工	工日	0.210	0.480	1.008	2.010
		一般技工	工日	0.490	1.120	2.352	4.690
		高级技工	工日	—	—	—	—
材料	草绳		kg	10.000	13.500	18.000	24.000

工作内容:修剪、起挖、土球包扎、枝干整理、出坑、场内运输、回土填坑、场地清理等。

计量单位: 10 株

定 额 编 号				1-150	1-151	1-152	1-153
项 目				起挖乔木(带土球)			
				胸径≤12cm/干径≤14cm	胸径≤14cm/干径≤16cm	胸径≤16cm/干径≤18cm	胸径≤18cm/干径≤20cm
名 称			单位	消 耗 量			
人工	合计工日		工日	9.425	12.812	16.023	19.591
	其中	普工	工日	2.828	3.844	4.807	5.877
		一般技工	工日	6.597	8.968	11.216	13.714
		高级技工	工日	—	—	—	—
材料	草绳		kg	32.000	42.250	56.250	36.500
	麻袋		m^2	—	—	—	33.600
	镀锌铁丝 8# ~12#		kg	—	—	—	15.000
机械	汽车式起重机 提升质量 8t		台班	0.234	0.297	—	—
	汽车式起重机 提升质量 16t		台班	—	—	0.333	0.395

工作内容：修剪、起挖、土球包扎、枝干整理、出坑、场内运输、回土填坑、场地清理等。

计量单位：10株

定额编号			1-154	1-155	1-156	1-157
项目			起挖乔木(带土球)			
			胸径≤20cm/干径≤24cm	胸径≤24cm/干径≤28cm	胸径≤28cm/干径≤32cm	胸径≤32cm/干径≤35cm
名称		单位	消耗量			
人工	合计工日	工日	23.681	28.417	34.785	41.742
	其中 普工	工日	7.104	8.525	10.435	12.523
	其中 一般技工	工日	16.577	19.892	24.350	29.219
	其中 高级技工	工日	—	—	—	—
材料	草绳	kg	45.625	56.250	67.500	80.625
	麻袋	m^2	41.400	50.000	59.800	69.600
	镀锌铁丝 8# ~12#	kg	19.300	21.100	23.050	25.000
机械	汽车式起重机 提升质量16t	台班	0.542	0.749	1.050	1.352

工作内容：修剪、起挖、土球包扎、枝干整理、出坑、场内运输、回土填坑、场地清理等。

计量单位：10株

定额编号			1-158	1-159	1-160	1-161
项目			起挖乔木(带土球)			
			胸径≤35cm/干径≤40cm	胸径≤40cm/干径≤45cm	胸径≤45cm/干径≤50cm	胸径≤50cm/干径≤55cm
名称		单位	消耗量			
人工	合计工日	工日	50.090	60.108	72.130	82.949
	其中 普工	工日	15.027	18.032	21.639	24.885
	其中 一般技工	工日	35.063	42.076	50.491	58.064
	其中 高级技工	工日	—	—	—	—
材料	草绳	kg	96.750	116.000	139.200	160.080
	麻袋	m^2	95.200	114.240	137.088	157.651
	镀锌铁丝 8# ~12#	kg	29.300	35.160	42.192	48.521
机械	汽车式起重机 提升质量25t	台班	1.768	2.028	2.434	2.799

(2)起挖裸根乔木

工作内容:修剪、起挖、枝干整理、出坑、场内运输、回土填坑、场地清理等。 **计量单位:** 10株

定额编号				1-162	1-163	1-164	1-165
项目				起挖乔木(裸根)			
				胸径≤4cm/干径≤6cm	胸径≤6cm/干径≤8cm	胸径≤8cm/干径≤10cm	胸径≤10cm/干径≤12cm
名称			单位	消耗量			
人工	合计工日		工日	0.400	0.800	1.365	2.250
	其中	普工	工日	0.120	0.240	0.410	0.675
		一般技工	工日	0.280	0.560	0.955	1.575
		高级技工	工日	—	—	—	—

工作内容:修剪、起挖、枝干整理、出坑、场内运输、回土填坑、场地清理等。 **计量单位:** 10株

定额编号				1-166	1-167	1-168	1-169
项目				起挖乔木(裸根)			
				胸径≤12cm/干径≤14cm	胸径≤14cm/干径≤16cm	胸径≤16cm/干径≤18cm	胸径≤18cm/干径≤20cm
名称			单位	消耗量			
人工	合计工日		工日	3.600	5.360	7.650	10.320
	其中	普工	工日	1.080	1.608	2.295	3.096
		一般技工	工日	2.520	3.752	5.355	7.224
		高级技工	工日	—	—	—	—
机械	汽车式起重机 提升质量8t		台班	0.072	0.092	0.102	0.122

工作内容：修剪、起挖、枝干整理、出坑、场内运输、回土填坑、场地清理等。　　**计量单位：**10 株

定额编号				1-170	1-171	1-172	1-173
项目				起挖乔木(裸根)			
				胸径≤20cm/干径≤24cm	胸径≤24cm/干径≤28cm	胸径≤28cm/干径≤32cm	胸径≤32cm/干径≤35cm
名称			单位	消耗量			
人工	合计工日		工日	13.340	16.700	21.042	26.186
	其中	普工	工日	4.002	5.010	6.313	7.856
		一般技工	工日	9.338	11.690	14.729	18.330
		高级技工	工日	—	—	—	—
机械	汽车式起重机 提升质量 16t		台班	0.167	0.230	0.366	0.417

工作内容：修剪、起挖、枝干整理、出坑、场内运输、回土填坑、场地清理等。　　**计量单位：**10 株

定额编号				1-174	1-175	1-176	1-177
项目				起挖乔木(裸根)			
				胸径≤35cm/干径≤40cm	胸径≤40cm/干径≤45cm	胸径≤45cm/干径≤50cm	胸径≤50cm/干径≤55cm
名称			单位	消耗量			
人工	合计工日		工日	32.078	38.493	46.192	53.120
	其中	普工	工日	9.624	11.548	13.858	15.936
		一般技工	工日	22.454	26.945	32.334	37.184
		高级技工	工日	—	—	—	—
机械	汽车式起重机 提升质量 25t		台班	0.545	0.625	0.750	0.863

2.起挖灌木

工作内容:起挖、修剪、土球包扎、枝干整理、出坑、场内运输、回土填坑、场地清理等。

计量单位: 10株

<table>
<tr><td colspan="3">定额编号</td><td>1-178</td><td>1-179</td><td>1-180</td><td>1-181</td></tr>
<tr><td colspan="3" rowspan="3">项目</td><td colspan="4">起挖灌木(带土球)</td></tr>
<tr><td colspan="4">冠径(cm)</td></tr>
<tr><td>≤20</td><td>≤40</td><td>≤60</td><td>≤80</td></tr>
<tr><td colspan="2">名称</td><td>单位</td><td colspan="4">消耗量</td></tr>
<tr><td rowspan="4">人工</td><td>合计工日</td><td>工日</td><td>0.059</td><td>0.108</td><td>0.203</td><td>0.370</td></tr>
<tr><td>其中 普工</td><td>工日</td><td>0.018</td><td>0.032</td><td>0.061</td><td>0.111</td></tr>
<tr><td>其中 一般技工</td><td>工日</td><td>0.041</td><td>0.076</td><td>0.142</td><td>0.259</td></tr>
<tr><td>其中 高级技工</td><td>工日</td><td>—</td><td>—</td><td>—</td><td>—</td></tr>
<tr><td>材料</td><td>草绳</td><td>kg</td><td>1.000</td><td>1.500</td><td>2.250</td><td>3.750</td></tr>
</table>

工作内容:起挖、修剪、土球包扎、枝干整理、出坑、场内运输、回土填坑、场地清理等。

计量单位: 10株

<table>
<tr><td colspan="3">定额编号</td><td>1-182</td><td>1-183</td><td>1-184</td><td>1-185</td></tr>
<tr><td colspan="3" rowspan="3">项目</td><td colspan="4">起挖灌木(带土球)</td></tr>
<tr><td colspan="4">冠径(cm)</td></tr>
<tr><td>≤100</td><td>≤150</td><td>≤200</td><td>≤250</td></tr>
<tr><td colspan="2">名称</td><td>单位</td><td colspan="4">消耗量</td></tr>
<tr><td rowspan="4">人工</td><td>合计工日</td><td>工日</td><td>0.697</td><td>1.315</td><td>2.641</td><td>5.204</td></tr>
<tr><td>其中 普工</td><td>工日</td><td>0.209</td><td>0.395</td><td>1.585</td><td>3.122</td></tr>
<tr><td>其中 一般技工</td><td>工日</td><td>0.488</td><td>0.920</td><td>1.056</td><td>2.082</td></tr>
<tr><td>其中 高级技工</td><td>工日</td><td>—</td><td>—</td><td>—</td><td>—</td></tr>
<tr><td>材料</td><td>草绳</td><td>kg</td><td>6.500</td><td>11.500</td><td>21.000</td><td>29.500</td></tr>
<tr><td>机械</td><td>汽车式起重机 提升质量8t</td><td>台班</td><td>—</td><td>—</td><td>—</td><td>0.072</td></tr>
</table>

工作内容:起挖、修剪、枝杆整理、出坑、场内运输、回土填坑、场地清理等。 **计量单位**: 10 株

定额编号				1-186	1-187	1-188	1-189
项目				起挖灌木(带土球)			
				冠径(cm)			
				≤300	≤350	≤400	>400
名称			单位	消耗量			
人工	合计工日		工日	10.346	20.465	36.347	58.112
	其中	普工	工日	6.208	12.279	21.808	34.867
		一般技工	工日	4.138	8.186	14.539	23.245
		高级技工	工日	—	—	—	—
材料	草绳		kg	41.500	54.000	70.000	100.000
机械	汽车式起重机 提升质量 8t		台班	0.087	0.124	0.173	0.260

工作内容:起挖、修剪、枝干整理、出坑、场内运输、回土填坑、场地清理等。 **计量单位**: 10 株

定额编号				1-190	1-191	1-192	1-193
项目				起挖灌木(裸根)			
				冠径(cm)			
				≤20	≤40	≤60	≤80
名称			单位	消耗量			
人工	合计工日		工日	0.007	0.026	0.049	0.092
	其中	普工	工日	0.002	0.008	0.015	0.028
		一般技工	工日	0.005	0.018	0.034	0.064
		高级技工	工日	—	—	—	—

工作内容：起挖、修剪、枝干整理、出坑、场内运输、回土填坑、场地清理等。 计量单位：10株

定额编号				1-194	1-195	1-196	1-197
项目				起挖灌木(裸根)			
				冠径(cm)			
				≤100	≤150	≤200	≤250
名称			单位	消耗量			
人工	合计工日		工日	0.171	0.317	0.583	1.086
	其中	普工	工日	0.051	0.095	0.175	0.326
		一般技工	工日	0.120	0.222	0.408	0.760
		高级技工	工日	—	—	—	—
机械	汽车式起重机 提升质量8t		台班	—	—	—	0.022

工作内容：起挖、修剪、枝干整理、出坑、场内运输、回土填坑、场地清理等。 计量单位：10株

定额编号				1-198	1-199	1-200	1-201
项目				起挖灌木(裸根)			
				冠径(cm)			
				≤300	≤350	≤400	>400
名称			单位	消耗量			
人工	合计工日		工日	2.043	3.826	6.188	9.969
	其中	普工	工日	0.613	1.148	1.856	2.991
		一般技工	工日	1.430	2.678	4.332	6.978
		高级技工	工日	—	—	—	—
机械	汽车式起重机 提升质量8t		台班	0.027	0.038	0.053	0.080

3. 起挖绿篱

工作内容：起挖、包扎、出坑、修剪、场内运输、回土填坑、场地清理等。　　计量单位：10m

定额编号				1-202	1-203	1-204	1-205
项目				起挖单排绿篱			
				高度(cm)			
				≤40	≤60	≤80	≤100
名称			单位	消耗量			
人工	合计工日		工日	0.146	0.172	0.216	0.272
	其中	普工	工日	0.044	0.052	0.065	0.082
		一般技工	工日	0.102	0.120	0.151	0.190
		高级技工	工日	—	—	—	—
材料	草绳		kg	1.900	2.300	3.200	4.200

工作内容：起挖、包扎、出坑、修剪、场内运输、回土填坑、场地清理等。　　计量单位：10m

定额编号				1-206	1-207	1-208	1-209
项目				起挖单排绿篱			
				高度(cm)			
				≤120	≤150	≤200	>200
名称			单位	消耗量			
人工	合计工日		工日	0.353	0.452	0.543	0.624
	其中	普工	工日	0.106	0.136	0.163	0.187
		一般技工	工日	0.247	0.316	0.380	0.437
		高级技工	工日	—	—	—	—
材料	草绳		kg	4.500	5.200	5.980	6.877

工作内容:起挖、包扎、出坑、修剪、场内运输、回土填坑、场地清理等。 **计量单位**: 10m

定额编号				1-210	1-211	1-212	1-213
项目				起挖双排绿篱			
				高度(cm)			
				≤40	≤60	≤80	≤100
名称			单位	消耗量			
人工	合计工日		工日	0.291	0.343	0.404	0.488
	其中	普工	工日	0.087	0.103	0.121	0.146
		一般技工	工日	0.204	0.240	0.283	0.342
		高级技工	工日	—	—	—	—
材料	草绳		kg	3.800	4.500	6.400	8.300

工作内容:起挖、包扎、出坑、修剪、场内运输、回土填坑、场地清理等。 **计量单位**: 10m

定额编号				1-214	1-215	1-216	1-217
项目				起挖双排绿篱			
				高度(cm)			
				≤120	≤150	≤200	>200
名称			单位	消耗量			
人工	合计工日		工日	0.578	0.686	0.789	0.907
	其中	普工	工日	0.174	0.206	0.237	0.272
		一般技工	工日	0.404	0.480	0.552	0.635
		高级技工	工日	—	—	—	—
材料	草绳		kg	9.000	10.200	11.220	12.342

4. 起挖棕榈类

工作内容：起挖、包扎、出坑、修剪、场内运输、回土填坑、场地清理等。　　计量单位：10株

定额编号				1-218	1-219	1-220	1-221
项目				起挖棕榈类			
				地径(cm)			
				≤15	≤20	≤25	≤30
名称			单位	消耗量			
人工	合计工日		工日	3.569	4.461	5.984	7.506
	其中	普工	工日	1.071	1.338	1.795	2.252
		一般技工	工日	2.498	3.123	4.189	5.254
		高级技工	工日	—	—	—	—
材料	草绳		kg	20.000	27.500	33.750	40.000

工作内容：起挖、包扎、出坑、修剪、场内运输、回土填坑、场地清理等。　　计量单位：10株

定额编号				1-222	1-223	1-224	1-225
项目				起挖棕榈类			
				地径(cm)			
				≤35	≤40	≤45	≤50
名称			单位	消耗量			
人工	合计工日		工日	8.450	9.710	10.655	13.778
	其中	普工	工日	2.535	2.913	3.197	4.133
		一般技工	工日	5.915	6.797	7.458	9.645
		高级技工	工日	—	—	—	—
材料	草绳		kg	55.000	75.000	85.000	90.000
机械	汽车式起重机 提升质量8t		台班	—	—	0.136	0.187

工作内容:起挖、包扎、出坑、修剪、场内运输、回土填坑、场地清理等。 计量单位: 10株

定额编号				1-226	1-227	1-228	1-229
项目				起挖棕榈类			
				地径(cm)			
				≤55	≤60	≤70	≤80
名称			单位	消耗量			
人工	合计工日		工日	16.844	19.910	22.976	26.041
	其中	普工	工日	5.053	5.973	6.893	7.812
		一般技工	工日	11.791	13.937	16.083	18.229
		高级技工	工日	—	—	—	—
材料	草绳		kg	95.000	100.000	105.000	110.000
机械	汽车式起重机 提升质量8t		台班	0.250	0.349	0.443	0.543

5.起挖竹类

工作内容:起挖、出坑、修剪、场内运输、回土填坑、场地清理等。 计量单位: 10株

定额编号				1-230	1-231	1-232	1-233	1-234
项目				起挖竹类(散生竹)				
				胸径(cm)				
				≤2	≤4	≤6	≤8	≤10
名称			单位	消耗量				
人工	合计工日		工日	0.180	0.360	0.540	0.900	1.500
	其中	普工	工日	0.054	0.108	0.162	0.270	0.450
		一般技工	工日	0.126	0.252	0.378	0.630	1.050
		高级技工	工日	—	—	—	—	—

工作内容：起挖、包扎、出坑、修剪、场内运输、回土填坑、场地清理等。 计量单位：10丛

定额编号				1-235	1-236	1-237
项目				起挖竹类(丛生竹)		
				根盘丛径(cm)		
				≤30	≤40	≤50
名称			单位	消耗量		
人工	合计工日		工日	0.420	0.780	1.440
	其中	普工	工日	0.126	0.234	0.432
		一般技工	工日	0.294	0.546	1.008
		高级技工	工日	—	—	—
材料	草绳		kg	5.000	8.000	10.000

工作内容：起挖、包扎、出坑、修剪、场内运输、回土填坑、场地清理等。 计量单位：10丛

定额编号				1-238	1-239	1-240
项目				起挖竹类(丛生竹)		
				根盘丛径(cm)		
				≤60	≤70	≤80
名称			单位	消耗量		
人工	合计工日		工日	2.400	2.820	3.300
	其中	普工	工日	0.720	0.846	0.990
		一般技工	工日	1.680	1.974	2.310
		高级技工	工日	—	—	—
材料	草绳		kg	12.000	15.000	20.000

6. 起挖攀缘植物

工作内容：起挖、修剪、场内运输、场地清理等。 计量单位：10 株

定额编号				1-241	1-242	1-243
项目				起挖攀缘植物		
				地径(cm)		
				≤1	≤3	≤5
名称			单位	消耗量		
人工	合计工日		工日	0.024	0.073	0.158
	其中	普工	工日	0.007	0.022	0.047
		一般技工	工日	0.017	0.051	0.111
		高级技工	工日	—	—	—

7. 起挖地被、水生植物、露地花卉、草坪

工作内容：起挖、场内运输、场地清理等。 计量单位：$100m^2$

定额编号				1-244	1-245	1-246	1-247
项目				起挖地被植物			
				密度(株/m^2)			
				≤20	≤50	≤80	≤100
名称			单位	消耗量			
人工	合计工日		工日	3.300	3.500	3.700	4.000
	其中	普工	工日	0.990	1.050	1.110	1.200
		一般技工	工日	2.310	2.450	2.590	2.800
		高级技工	工日	—	—	—	—

工作内容：起挖、场内运输、场地清理等。　　计量单位：100m²

定额编号				1-248
项目				起挖水生植物
名称			单位	消耗量
人工	合计工日		工日	3.000
	其中	普工	工日	0.900
		一般技工	工日	2.100
		高级技工	工日	—

工作内容：起挖、场内运输、场地清理等。　　计量单位：100m²

定额编号				1-249	1-250	1-251
项目				起挖露地花卉		起挖草坪
				一、二年生草本花	球根、块根、宿根类	
名称			单位	消耗量		
人工	合计工日		工日	0.400	1.200	1.400
	其中	普工	工日	0.120	0.360	0.420
		一般技工	工日	0.280	0.840	0.980
		高级技工	工日	—	—	—

三、汽车运输苗木

1. 乔 木 运 输

工作内容：装车、绑扎固定、场内运输、卸车、按指定地点放置等。　　**计量单位：** 100 株

定额编号				1-252	1-253	1-254	1-255
项目				乔木运输			
				胸径≤4cm/干径≤6cm		胸径≤6cm/干径≤8cm	
				运距 1km 以内	运距每增加 1km	运距 1km 以内	运距每增加 1km
名称			单位	消耗量			
人工	合计工日		工日	0.200	—	0.900	—
	其中	普工	工日	0.200	—	0.900	—
		一般技工	工日	—	—	—	—
		高级技工	工日	—	—	—	—
机械	载货汽车 装载质量 5t		台班	0.590	0.020	1.170	0.040

工作内容：装车、绑扎固定、运输、卸车、按指定地点放置等。　　**计量单位：** 100 株

定额编号				1-256	1-257	1-258	1-259
项目				乔木运输			
				胸径≤8cm/干径≤10cm		胸径≤10cm/干径≤12cm	
				运距 1km 以内	运距每增加 1km	运距 1km 以内	运距每增加 1km
名称			单位	消耗量			
人工	合计工日		工日	2.668	—	4.168	—
	其中	普工	工日	2.668	—	4.168	—
		一般技工	工日	—	—	—	—
		高级技工	工日	—	—	—	—
机械	载货汽车 装载质量 5t		台班	1.430	0.060	1.940	0.070
	汽车式起重机 提升质量 8t		台班	—	—	1.940	—

工作内容：装车、绑扎固定、场内运输、卸车、按指定地点放置等。　　计量单位：100 株

定　额　编　号				1-260	1-261	1-262	1-263
项　　目				乔木运输			
				胸径≤12cm/干径≤14cm		胸径≤14cm/干径≤16cm	
				运距 1km 以内	运距每增加 1km	运距 1km 以内	运距每增加 1km
名　称			单位	消　耗　量			
人工	合计工日		工日	7.202	—	9.150	—
	其中	普工	工日	7.202	—	9.150	—
		一般技工	工日	—	—	—	—
		高级技工	工日	—	—	—	—
机械	载货汽车 装载质量 5t		台班	2.630	0.130	3.680	0.150
	汽车式起重机 提升质量 8t		台班	2.630	—	3.680	—

工作内容：装车、绑扎固定、场内运输、卸车、按指定地点放置等。　　计量单位：100 株

定　额　编　号				1-264	1-265	1-266	1-267
项　　目				乔木运输			
				胸径≤16cm/干径≤18cm		胸径≤18cm/干径≤20cm	
				运距 1km 以内	运距每增加 1km	运距 1km 以内	运距每增加 1km
名　称			单位	消　耗　量			
人工	合计工日		工日	10.239	—	12.149	—
	其中	普工	工日	10.239	—	12.149	—
		一般技工	工日	—	—	—	—
		高级技工	工日	—	—	—	—
机械	载货汽车 装载质量 8t		台班	3.864	0.155	4.439	0.178
	汽车式起重机 提升质量 8t		台班	3.864	—	4.439	—

工作内容：装车、绑扎固定、场内运输、卸车、按指定地点放置等。 计量单位：100株

定额编号				1-268	1-269	1-270	1-271
项目				乔木运输			
				胸径≤20cm/干径≤24cm		胸径≤24cm/干径≤28cm	
				运距1km以内	运距每增加1km	运距1km以内	运距每增加1km
名称			单位	消耗量			
人工	合计工日		工日	16.665	—	23.057	—
	其中	普工	工日	16.665	—	23.057	—
		一般技工	工日	—	—	—	—
		高级技工	工日	—	—	—	—
机械	载货汽车 装载质量8t		台班	5.105	0.204	6.126	0.245
	汽车式起重机 提升质量8t		台班	5.105	—	6.126	—

工作内容：装车、绑扎固定、场内运输、卸车、按指定地点放置等。 计量单位：100株

定额编号				1-272	1-273	1-274	1-275
项目				乔木运输			
				胸径≤28cm/干径≤32cm		胸径≤32cm/干径≤35cm	
				运距1km以内	运距每增加1km	运距1km以内	运距每增加1km
名称			单位	消耗量			
人工	合计工日		工日	41.190	—	57.289	—
	其中	普工	工日	41.190	—	57.289	—
		一般技工	工日	—	—	—	—
		高级技工	工日	—	—	—	—
机械	载货汽车 装载质量12t		台班	6.432	0.257	7.397	0.296
	汽车式起重机 提升质量16t		台班	6.432	—	7.397	—

工作内容：装车、绑扎固定、场内运输、卸车、按指定地点放置等。 **计量单位**：100 株

定额编号				1-276	1-277	1-278	1-279
项目				乔木运输			
				胸径≤35cm/干径≤40cm		胸径≤40cm/干径≤45cm	
				运距 1km 以内	运距每增加 1km	运距 1km 以内	运距每增加 1km
名称			单位	消耗量			
人工	合计工日		工日	79.048	—	93.750	—
	其中	普工	工日	79.048	—	93.750	—
		一般技工	工日	—	—	—	—
		高级技工	工日	—	—	—	—
机械	平板拖车组 装载质量 12t		台班	8.125	0.313	10.156	0.391
	汽车式起重机 提升质量 16t		台班	8.125	—	10.156	—

工作内容：装车、绑扎固定、场内运输、卸车、按指定地点放置等。 **计量单位**：100 株

定额编号				1-280	1-281	1-282	1-283
项目				乔木运输			
				胸径≤45cm/干径≤50cm		胸径≤50cm/干径≤55cm	
				运距 1km 以内	运距每增加 1km	运距 1km 以内	运距每增加 1km
名称			单位	消耗量			
人工	合计工日		工日	107.813	—	118.594	—
	其中	普工	工日	107.813	—	118.594	—
		一般技工	工日	—	—	—	—
		高级技工	工日	—	—	—	—
机械	平板拖车组 装载质量 12t		台班	12.695	0.489	15.234	0.587
	汽车式起重机 提升质量 16t		台班	12.695	—	15.234	—

2. 灌木运输

工作内容：装车、绑扎固定、场内运输、卸车、按指定地点放置等。 计量单位：100株

定额编号			1-284	1-285	1-286	1-287
项目			灌木运输			
			冠径≤20cm		冠径≤40cm	
			运距1km以内	运距每增加1km	运距1km以内	运距每增加1km
名称		单位	消耗量			
人工	合计工日	工日	0.080	—	0.200	—
	其中 普工	工日	0.080	—	0.200	—
	其中 一般技工	工日	—	—	—	—
	其中 高级技工	工日	—	—	—	—
机械	载货汽车 装载质量5t	台班	0.050	0.015	0.130	0.018

工作内容：装车、绑扎固定、场内运输、卸车、按指定地点放置等。 计量单位：100株

定额编号			1-288	1-289	1-290	1-291
项目			灌木运输			
			冠径≤60cm		冠径≤80cm	
			运距1km以内	运距每增加1km	运距1km以内	运距每增加1km
名称		单位	消耗量			
人工	合计工日	工日	0.500	—	0.800	—
	其中 普工	工日	0.500	—	0.800	—
	其中 一般技工	工日	—	—	—	—
	其中 高级技工	工日	—	—	—	—
机械	载货汽车 装载质量5t	台班	0.310	0.020	0.450	0.022

工作内容：装车、绑扎固定、场内运输、卸车、按指定地点放置等。

计量单位：100 株

定额编号				1-292	1-293	1-294	1-295
项目				灌木运输			
				冠径≤100cm		冠径≤150cm	
				运距 1km 以内	运距每增加 1km	运距 1km 以内	运距每增加 1km
名称			单位	消耗量			
人工	合计工日		工日	1.333	—	3.542	—
	其中	普工	工日	1.333	—	3.542	—
		一般技工	工日	—	—	—	—
		高级技工	工日	—	—	—	—
机械	载货汽车 装载质量 5t		台班	0.590	0.025	1.170	0.040

工作内容：装车、绑扎固定、场内运输、卸车、按指定地点放置等。

计量单位：100 株

定额编号				1-296	1-297	1-298	1-299
项目				灌木运输			
				冠径≤200cm		冠径≤250cm	
				运距 1km 以内	运距每增加 1km	运距 1km 以内	运距每增加 1km
名称			单位	消耗量			
人工	合计工日		工日	7.500	—	10.000	—
	其中	普工	工日	7.500	—	10.000	—
		一般技工	工日	—	—	—	—
		高级技工	工日	—	—	—	—
机械	载货汽车 装载质量 8t		台班	1.940	0.070	3.480	0.130
	汽车式起重机 提升质量 8t		台班	—	—	3.480	—

工作内容:装车、绑扎固定、场内运输、卸车、按指定地点放置等。 **计量单位**: 100 株

定额编号			1-300	1-301	1-302	1-303
项目			灌木运输			
			冠径≤300cm		冠径≤350cm	
			运距 1km 以内	运距每增加 1km	运距 1km 以内	运距每增加 1km
名称		单位	消耗量			
人工	合计工日	工日	12.000	—	17.143	—
	其中 普工	工日	12.000	—	17.143	—
	其中 一般技工	工日	—	—	—	—
	其中 高级技工	工日	—	—	—	—
机械	载货汽车 装载质量 8t	台班	4.320	0.170	5.200	0.200
	汽车式起重机 提升质量 8t	台班	4.320	—	5.200	—

工作内容:装车、绑扎固定、场内运输、卸车、按指定地点放置等。 **计量单位**: 100 株

定额编号			1-304	1-305	1-306	1-307
项目			灌木运输			
			冠径≤400cm		冠径 >400cm	
			运距 1km 以内	运距每增加 1km	运距 1km 以内	运距每增加 1km
名称		单位	消耗量			
人工	合计工日	工日	24.000	—	36.000	—
	其中 普工	工日	24.000	—	36.000	—
	其中 一般技工	工日	—	—	—	—
	其中 高级技工	工日	—	—	—	—
机械	载货汽车 装载质量 8t	台班	6.500	0.250	8.680	0.330
	汽车式起重机 提升质量 8t	台班	6.500	—	8.680	—

3. 竹类运输

工作内容：装车、绑扎固定、场内运输、卸车、按指定地点放置等。　　计量单位：100 株

定额编号				1-308	1-309	1-310	1-311
项目				散生竹类运输			
				胸径≤2cm		胸径≤4cm	
				运距 1km 以内	运距每增加 1km	运距 1km 以内	运距每增加 1km
名称			单位	消耗量			
人工	合计工日		工日	0.150	—	0.300	—
	其中	普工	工日	0.150	—	0.300	—
		一般技工	工日	—	—	—	—
		高级技工	工日	—	—	—	—
机械	载货汽车 装载质量 5t		台班	0.092	0.008	0.125	0.009

工作内容：装车、绑扎固定、场内运输、卸车、按指定地点放置等。　　计量单位：100 株

定额编号				1-312	1-313	1-314	1-315
项目				散生竹类运输			
				胸径≤6cm		胸径≤8cm	
				运距 1km 以内	运距每增加 1km	运距 1km 以内	运距每增加 1km
名称			单位	消耗量			
人工	合计工日		工日	0.500	—	1.000	—
	其中	普工	工日	0.500	—	1.000	—
		一般技工	工日	—	—	—	—
		高级技工	工日	—	—	—	—
机械	载货汽车 装载质量 5t		台班	0.169	0.010	0.229	0.011

工作内容：装车、绑扎固定、场内运输、卸车、按指定地点放置等。 计量单位：100株

定额编号				1-316	1-317
项目				散生竹类运输	
				胸径≤10cm	
				运距1km以内	运距每增加1km
名称			单位	消耗量	
人工	合计工日		工日	2.000	—
	其中	普工	工日	2.000	—
		一般技工	工日	—	—
		高级技工	工日	—	—
机械	载货汽车 装载质量5t		台班	0.310	0.012

工作内容：装车、绑扎固定、场内运输、卸车、按指定地点放置等。 计量单位：100丛

定额编号				1-318	1-319	1-320	1-321
项目				丛生竹类运输			
				根盘丛径≤30cm		根盘丛径≤40cm	
				运距1km以内	运距每增加1km	运距1km以内	运距每增加1km
名称			单位	消耗量			
人工	合计工日		工日	0.300	—	0.500	—
	其中	普工	工日	0.300	—	0.500	—
		一般技工	工日	—	—	—	—
		高级技工	工日	—	—	—	—
机械	载货汽车 装载质量5t		台班	0.250	0.020	0.420	0.025

工作内容：装车、绑扎固定、场内运输、卸车、按指定地点放置等。　　　　**计量单位**：100 丛

定额编号				1-322	1-323	1-324	1-325
项目				丛生竹类运输			
				根盘丛径≤50cm		根盘丛径≤60cm	
				运距 1km 以内	运距每增加 1km	运距 1km 以内	运距每增加 1km
名称			单位	消耗量			
人工	合计工日		工日	1.000	—	2.000	—
	其中	普工	工日	1.000	—	2.000	—
		一般技工	工日	—	—	—	—
		高级技工	工日	—	—	—	—
机械	载货汽车 装载质量 5t		台班	0.830	0.030	1.170	0.035

工作内容：装车、绑扎固定、场内运输、卸车、按指定地点放置等。　　　　**计量单位**：100 丛

定额编号				1-326	1-327	1-328	1-329
项目				丛生竹类运输			
				根盘丛径≤70cm		根盘丛径≤80cm	
				运距 1km 以内	运距每增加 1km	运距 1km 以内	运距每增加 1km
名称			单位	消耗量			
人工	合计工日		工日	2.500	—	3.000	—
	其中	普工	工日	2.500	—	3.000	—
		一般技工	工日	—	—	—	—
		高级技工	工日	—	—	—	—
机械	载货汽车 装载质量 5t		台班	1.351	0.040	1.570	0.045

4. 棕榈类运输

工作内容：装车、绑扎固定、场内运输、卸车、按指定地点放置等. **计量单位**：100 株

<table>
<tr><td colspan="3">定　额　编　号</td><td>1-330</td><td>1-331</td><td>1-332</td><td>1-333</td></tr>
<tr><td colspan="3" rowspan="3">项　　　目</td><td colspan="4">棕榈类运输</td></tr>
<tr><td colspan="2">地径≤25cm</td><td colspan="2">地径≤40cm</td></tr>
<tr><td>运距 1km 以内</td><td>运距每增加 1km</td><td>运距 1km 以内</td><td>运距每增加 1km</td></tr>
<tr><td colspan="2">名　称</td><td>单位</td><td colspan="4">消　耗　量</td></tr>
<tr><td rowspan="4">人工</td><td colspan="1">合计工日</td><td>工日</td><td>2.731</td><td>—</td><td>5.333</td><td>—</td></tr>
<tr><td>其中 普工</td><td>工日</td><td>2.731</td><td>—</td><td>5.333</td><td>—</td></tr>
<tr><td>其中 一般技工</td><td>工日</td><td>—</td><td>—</td><td>—</td><td>—</td></tr>
<tr><td>其中 高级技工</td><td>工日</td><td>—</td><td>—</td><td>—</td><td>—</td></tr>
<tr><td>机械</td><td>载货汽车 装载质量 5t</td><td>台班</td><td>0.790</td><td>0.030</td><td>1.170</td><td>0.040</td></tr>
</table>

工作内容：装车、绑扎固定、场内运输、卸车、按指定地点放置等。 **计量单位**：100 株

<table>
<tr><td colspan="3">定　额　编　号</td><td>1-334</td><td>1-335</td><td>1-336</td><td>1-337</td></tr>
<tr><td colspan="3" rowspan="3">项　　　目</td><td colspan="4">棕榈类运输</td></tr>
<tr><td colspan="2">地径≤50cm</td><td colspan="2">地径≤60cm</td></tr>
<tr><td>运距 1km 以内</td><td>运距每增加 1km</td><td>运距 1km 以内</td><td>运距每增加 1km</td></tr>
<tr><td colspan="2">名　称</td><td>单位</td><td colspan="4">消　耗　量</td></tr>
<tr><td rowspan="4">人工</td><td>合计工日</td><td>工日</td><td>9.500</td><td>—</td><td>12.775</td><td>—</td></tr>
<tr><td>其中 普工</td><td>工日</td><td>9.500</td><td>—</td><td>12.775</td><td>—</td></tr>
<tr><td>其中 一般技工</td><td>工日</td><td>—</td><td>—</td><td>—</td><td>—</td></tr>
<tr><td>其中 高级技工</td><td>工日</td><td>—</td><td>—</td><td>—</td><td>—</td></tr>
<tr><td rowspan="2">机械</td><td>载货汽车 装载质量 8t</td><td>台班</td><td>1.351</td><td>0.050</td><td>1.570</td><td>0.055</td></tr>
<tr><td>汽车式起重机 提升质量 8t</td><td>台班</td><td>1.351</td><td>—</td><td>1.570</td><td>—</td></tr>
</table>

工作内容：装车、绑扎固定、场内运输、卸车、按指定地点放置等。　　计量单位：100 株

定额编号				1-338	1-339	1-340	1-341
项目				棕榈类运输			
				地径≤70cm		地径≤80cm	
				运距 1km 以内	运距每增加 1km	运距 1km 以内	运距每增加 1km
名称			单位	消耗量			
人工	合计工日		工日	19.162	—	22.569	—
	其中	普工	工日	19.162	—	22.569	—
		一般技工	工日	—	—	—	—
		高级技工	工日	—	—	—	—
机械	载货汽车 装载质量 12t		台班	1.710	0.060	1.940	0.070
	汽车式起重机 提升质量 12t		台班	1.710	—	1.940	—

5. 花卉运输

工作内容：装车、绑扎固定、场内运输、卸车、按指定地点放置等。 计量单位：100盆

定额编号			1-342	1-343	1-344	1-345
项目			盆花运输			
			内径≤15cm		内径≤20cm	
			运距1km以内	运距每增加1km	运距1km以内	运距每增加1km
名称		单位	消耗量			
人工	合计工日	工日	0.050	—	0.067	—
	其中 普工	工日	0.050	—	0.067	—
	其中 一般技工	工日	—	—	—	—
	其中 高级技工	工日	—	—	—	—
机械	载货汽车 装载质量5t	台班	0.130	0.020	0.170	0.030

工作内容：装车、绑扎固定、场内运输、卸车、按指定地点放置等。 计量单位：100株

定额编号			1-346	1-347	1-348	1-349
项目			散装花苗运输		球根、块根、宿根类运输	
			运距1km以内	运距每增加1km	运距1km以内	运距每增加1km
名称		单位	消耗量			
人工	合计工日	工日	0.040	—	0.050	—
	其中 普工	工日	0.040	—	0.050	—
	其中 一般技工	工日	—	—	—	—
	其中 高级技工	工日	—	—	—	—
机械	载货汽车 装载质量5t	台班	0.100	0.015	0.130	0.015

6. 水生植物运输

工作内容: 装车、绑扎固定、场内运输、卸车、按指定地点放置等。　　**计量单位:** 100 丛

定额编号				1-350	1-351
项目				水生植物运输	
				运距 1km 以内	运距每增加 1km
名称			单位	消耗量	
人工	合计工日		工日	0.150	—
	其中	普工	工日	0.150	—
		一般技工	工日	—	—
		高级技工	工日	—	—
机械	载货汽车 装载质量 5t		台班	0.130	0.010

7. 攀缘植物、地被、草坪运输

工作内容：装车、绑扎固定、场内运输、卸车、按指定地点放置等。　　　　**计量单位：**100株

定额编号				1-352	1-353	1-354	1-355
项目				攀缘植物运输			
				地径≤1cm		地径≤3cm	
				运距1km以内	运距每增加1km	运距1km以内	运距每增加1km
名称			单位	消耗量			
人工	合计工日		工日	0.042	—	0.090	—
	其中	普工	工日	0.042	—	0.090	—
		一般技工	工日	—	—	—	—
		高级技工	工日	—	—	—	—
机械	载货汽车 装载质量5t		台班	0.040	0.015	0.080	0.020

工作内容：装车、绑扎固定、场内运输、卸车、按指定地点放置等。　　　　**计量单位：**100株

定额编号				1-356	1-357
项目				攀缘植物运输	
				地径≤5cm	
				运距1km以内	运距每增加1km
名称			单位	消耗量	
人工	合计工日		工日	0.225	—
	其中	普工	工日	0.225	—
		一般技工	工日	—	—
		高级技工	工日	—	—
机械	载货汽车 装载质量5t		台班	0.190	0.030

工作内容:装车、绑扎固定、场内运输、卸车、按指定地点放置等。

计量单位:100 株

定额编号				1-358	1-359	1-360	1-361
项目				攀缘植物运输			
				地径≤6cm		地径>6cm	
				运距 1km 以内	运距每增加 1km	运距 1km 以内	运距每增加 1km
名称			单位	消耗量			
人工	合计工日		工日	0.293	—	0.439	—
	其中	普工	工日	0.293	—	0.439	—
		一般技工	工日	—	—	—	—
		高级技工	工日	—	—	—	—
机械	载货汽车 装载质量 5t		台班	0.240	0.040	0.280	0.040

工作内容:装车、绑扎固定、场内运输、卸载、按指定地点放置等。

计量单位:$100m^2$

定额编号				1-362	1-363	1-364	1-365
项目				地被植物运输		草坪运输	
				运距 1km 以内	运距每增加 1km	运距 1km 以内	运距每增加 1km
名称			单位	消耗量			
人工	合计工日		工日	0.330	—	0.300	—
	其中	普工	工日	0.330	—	0.300	—
		一般技工	工日	—	—	—	—
		高级技工	工日	—	—	—	—
机械	载货汽车 装载质量 5t		台班	0.280	0.010	0.260	0.010

四、栽 植 植 物

1. 栽 植 乔 木

(1) 栽植带土球乔木

工作内容: 挖坑、场内运输、修剪、栽植(落坑、扶正、回土、捣实、筑水围)、浇定根水、覆土、保墒、清理等。

计量单位: 10 株

定 额 编 号				1-366	1-367	1-368	1-369
项 目				栽植带土球乔木			
				胸径≤4cm/干径≤6cm	胸径≤6cm/干径≤8cm	胸径≤8cm/干径≤10cm	胸径≤10cm/干径≤12cm
名 称			单位	消 耗 量			
人工	合计工日		工日	0.720	1.840	3.200	5.049
	其中	普工	工日	0.216	0.552	0.960	1.515
		一般技工	工日	0.504	1.288	2.240	3.534
		高级技工	工日	—	—	—	—
材料	乔木		株	10.100	10.100	10.100	10.100
	水		m^3	0.250	0.600	0.950	1.500
机械	汽车式起重机 提升质量 8t		台班	—	—	—	0.240

工作内容: 挖坑、场内运输、修剪、栽植(落坑、扶正、回土、捣实、筑水围)、浇定根水、覆土、保墒、清理等。

计量单位: 10 株

定 额 编 号				1-370	1-371	1-372	1-373
项 目				栽植带土球乔木			
				胸径≤12cm/干径≤14cm	胸径≤14cm/干径≤16cm	胸径≤16cm/干径≤18cm	胸径≤18cm/干径≤20cm
名 称			单位	消 耗 量			
人工	合计工日		工日	8.480	11.745	15.500	20.460
	其中	普工	工日	2.544	3.524	4.650	6.138
		一般技工	工日	5.936	8.221	10.850	14.322
		高级技工	工日	—	—	—	—
材料	乔木		株	10.100	10.100	10.100	10.100
	水		m^3	2.000	2.800	3.800	5.400
机械	汽车式起重机 提升质量 8t		台班	0.300	0.360	—	—
	汽车式起重机 提升质量 16t		台班	—	—	0.420	0.593

工作内容：挖坑、场内运输、修剪、栽植(落坑、扶正、回土、捣实、筑水围)、浇定根水、覆土、保墒、清理等。

计量单位：10株

定额编号				1-374	1-375	1-376	1-377
项目				栽植带土球乔木			
				胸径≤20cm/干径≤24cm	胸径≤24cm/干径≤28cm	胸径≤28cm/干径≤32cm	胸径≤32cm/干径≤35cm
名称			单位	消耗量			
人工	合计工日		工日	26.795	35.200	46.023	60.019
	其中	普工	工日	8.039	10.560	13.807	18.006
		一般技工	工日	18.756	24.640	32.216	42.013
		高级技工	工日	—	—	—	—
材料	乔木		株	10.100	10.100	10.100	10.100
	水		m^3	7.500	10.000	14.000	19.000
机械	汽车式起重机 提升质量16t		台班	0.813	1.123	1.665	1.893

工作内容：挖坑、场内运输、修剪、栽植(落坑、扶正、回土、捣实、筑水围)、浇定根水、覆土、保墒、清理等。

计量单位：10株

定额编号				1-378	1-379	1-380	1-381
项目				栽植带土球乔木			
				胸径≤35cm/干径≤40cm	胸径≤40cm/干径≤45cm	胸径≤45cm/干径≤50cm	胸径≤50cm/干径≤55cm
名称			单位	消耗量			
人工	合计工日		工日	77.859	101.221	116.404	128.044
	其中	普工	工日	23.358	30.366	34.921	38.413
		一般技工	工日	54.501	70.855	81.483	89.631
		高级技工	工日	—	—	—	—
材料	乔木		株	10.100	10.100	10.100	10.100
	水		m^3	25.000	32.086	36.899	40.589
机械	汽车式起重机 提升质量25t		台班	2.652	3.042	3.498	3.848

(2)栽植裸根乔木

工作内容：挖坑、场内运输、修剪、栽植(落坑、扶正、回土、捣实、筑水围)、浇定根水、覆土、保墒、清理等。

计量单位：10株

定额编号			1-382	1-383	1-384	1-385
项目			栽植裸根乔木			
			胸径≤4cm/干径≤6cm	胸径≤6cm/干径≤8cm	胸径≤8cm/干径≤10cm	胸径≤10cm/干径≤12cm
名称		单位	消耗量			
人工	合计工日	工日	0.500	0.900	1.600	2.430
	其中 普工	工日	0.150	0.270	0.480	0.729
	其中 一般技工	工日	0.350	0.630	1.120	1.701
	其中 高级技工	工日	—	—	—	—
材料	乔木	株	10.150	10.150	10.150	10.150
	水	m^3	0.250	0.500	0.750	1.000
机械	汽车式起重机 提升质量8t	台班	—	—	—	0.108

工作内容：挖坑、场内运输、修剪、栽植(落坑、扶正、回土、捣实、筑水围)、浇定根水、覆土、保墒、清理等。

计量单位：10株

定额编号			1-386	1-387	1-388	1-389
项目			栽植裸根乔木			
			胸径≤12cm/干径≤14cm	胸径≤14cm/干径≤16cm	胸径≤16cm/干径≤18cm	胸径≤18cm/干径≤20cm
名称		单位	消耗量			
人工	合计工日	工日	4.230	6.080	8.200	11.100
	其中 普工	工日	1.269	1.824	2.460	3.330
	其中 一般技工	工日	2.961	4.256	5.740	7.770
	其中 高级技工	工日	—	—	—	—
材料	乔木	株	10.150	10.150	10.150	10.150
	水	m^3	1.350	1.800	2.400	3.200
机械	汽车式起重机 提升质量8t	台班	0.144	0.183	0.210	0.310

工作内容：挖坑、场内运输、修剪、栽植（落坑、扶正、回土、捣实、筑水围）、浇定根水、覆土、保墒、清理等。

计量单位：10 株

定额编号				1-390	1-391	1-392	1-393
项目				栽植裸根乔木			
				胸径≤20cm/干径≤24cm	胸径≤24cm/干径≤28cm	胸径≤28cm/干径≤32cm	胸径≤32cm/干径≤35cm
名称			单位	消耗量			
人工	合计工日		工日	14.670	19.550	25.415	33.040
	其中	普工	工日	4.401	5.865	7.625	9.912
		一般技工	工日	10.269	13.685	17.790	23.128
		高级技工	工日	—	—	—	—
材料	乔木		株	10.150	10.150	10.150	10.150
	水		m^3	4.250	6.375	9.500	14.000
机械	汽车式起重机 提升质量16t		台班	0.460	0.640	0.720	0.810

工作内容：挖坑、场内运输、修剪、栽植（落坑、扶正、回土、捣实、筑水围）、浇定根水、覆土、保墒、清理等。

计量单位：10 株

定额编号				1-394	1-395	1-396	1-397
项目				栽植裸根乔木			
				胸径≤35cm/干径≤40cm	胸径≤40cm/干径≤45cm	胸径≤45cm/干径≤50cm	胸径≤50cm/干径≤55cm
名称			单位	消耗量			
人工	合计工日		工日	42.951	55.837	64.212	70.633
	其中	普工	工日	12.885	16.751	19.264	21.190
		一般技工	工日	30.066	39.086	44.948	49.443
		高级技工	工日	—	—	—	—
材料	乔木		株	10.150	10.150	10.150	10.150
	水		m^3	18.900	25.000	28.750	31.625
机械	汽车式起重机 提升质量16t		台班	0.910	1.200	1.380	1.518

2. 栽 植 灌 木

(1) 栽植单株带土球灌木

工作内容: 挖坑、场内运输、栽植(落坑、扶正、回土、捣实、筑水围)、浇定根水、覆土、保墒、修剪、清理等。

计量单位: 10 株

定额编号				1-398	1-399	1-400	1-401
项目				栽植单株带土球灌木			
				冠径(cm)			
				≤20	≤40	≤60	≤80
名称			单位	消耗量			
人工	合计工日		工日	0.030	0.085	0.240	0.480
	其中	普工	工日	0.009	0.025	0.072	0.144
		一般技工	工日	0.021	0.060	0.168	0.336
		高级技工	工日	—	—	—	—
材料	灌木		株	10.100	10.100	10.100	10.100
	水		m^3	0.100	0.150	0.250	0.360

工作内容: 挖坑、场内运输、栽植(落坑、扶正、回土、捣实、筑水围)、浇定根水、覆土、保墒、修剪、清理等。

计量单位: 10 株

定额编号				1-402	1-403	1-404	1-405
项目				栽植单株带土球灌木			
				冠径(cm)			
				≤100	≤150	≤200	≤250
名称			单位	消耗量			
人工	合计工日		工日	0.840	1.800	2.890	4.440
	其中	普工	工日	0.252	0.540	0.867	1.332
		一般技工	工日	0.588	1.260	2.023	3.108
		高级技工	工日	—	—	—	—
材料	灌木		株	10.100	10.100	10.100	10.100
	水		m^3	0.500	0.750	1.000	1.375
机械	汽车式起重机 提升质量 8t		台班	—	—	—	0.080

工作内容：挖坑、场内运输、栽植(落坑、扶正、回土、捣实、筑水围)、浇定根水、覆土、保墒、修剪、清理等。

计量单位：10株

定额编号				1-406	1-407	1-408	1-409
项目				栽植单株带土球灌木			
				冠径(cm)			
				≤300	≤350	≤400	>400
名称			单位	消耗量			
人工	合计工日		工日	6.480	9.000	11.880	16.575
	其中	普工	工日	1.944	2.700	3.564	4.972
		一般技工	工日	4.536	6.300	8.316	11.603
		高级技工	工日	—	—	—	—
材料	灌木		株	10.100	10.100	10.100	10.100
	水		m^3	1.800	2.400	4.000	5.000
机械	汽车式起重机 提升质量8t		台班	0.130	0.200	0.280	0.377

(2)栽植单株裸根灌木

工作内容：挖坑、场内运输、栽植(落坑、扶正、回土、捣实、筑水围)、浇定根水、覆土、保墒、修剪、清理等。

计量单位：10株

定额编号				1-410	1-411	1-412	1-413
项目				栽植单株裸根灌木			
				冠径(cm)			
				≤20	≤40	≤60	≤80
名称			单位	消耗量			
人工	合计工日		工日	0.015	0.043	0.120	0.240
	其中	普工	工日	0.005	0.013	0.036	0.072
		一般技工	工日	0.010	0.030	0.084	0.168
		高级技工	工日	—	—	—	—
材料	灌木		株	10.150	10.150	10.150	10.150
	水		m^3	0.150	0.250	0.320	0.400

工作内容：挖坑、场内运输、栽植(落坑、扶正、回土、捣实、筑水围)、浇定根水、覆土、保墒、修剪、清理等。

计量单位：10株

定额编号				1-414	1-415	1-416	1-417
项目				栽植单株裸根灌木			
				冠径(cm)			
				≤100	≤150	≤200	≤250
名称			单位	消耗量			
人工	合计工日		工日	0.420	0.900	1.445	2.220
	其中	普工	工日	0.126	0.270	0.434	0.666
		一般技工	工日	0.294	0.630	1.011	1.554
		高级技工	工日	—	—	—	—
材料	灌木		株	10.150	10.150	10.150	10.150
	水		m^3	0.500	0.650	0.750	0.800
机械	汽车式起重机 提升质量8t		台班	—	—	—	0.024

工作内容：挖坑、场内运输、栽植(落坑、扶正、回土、捣实、筑水围)、浇定根水、覆土、保墒、修剪、清理等。

计量单位：10株

定额编号				1-418	1-419	1-420	1-421
项目				栽植单株裸根灌木			
				冠径(cm)			
				≤300	≤350	≤400	>400
名称			单位	消耗量			
人工	合计工日		工日	3.240	4.500	5.940	8.288
	其中	普工	工日	0.972	1.350	1.782	2.487
		一般技工	工日	2.268	3.150	4.158	5.801
		高级技工	工日	—	—	—	—
材料	灌木		株	10.150	10.150	10.150	10.150
	水		m^3	0.850	0.900	0.950	1.000
机械	汽车式起重机 提升质量8t		台班	0.039	0.060	0.084	0.113

(3)栽植成片灌木

工作内容：挖坑、场内运输、排苗、回土、筑水围、浇定根水、覆土、整形、修剪、清理等。

计量单位：100m²

定额编号				1-422	1-423	1-424
项目				栽植成片灌木		
				密度(株/m²)		
				≤16	≤25	≤36
名称			单位	消耗量		
人工	合计工日		工日	17.974	14.794	13.171
	其中	普工	工日	5.392	4.438	3.951
		一般技工	工日	12.582	10.356	9.220
		高级技工	工日	—	—	—
材料	灌木		株	1632.000	2550.000	3672.000
	水		m³	5.000	5.000	5.000

工作内容：挖坑、场内运输、排苗、回土、筑水围、浇定根水、覆土、整形、修剪、清理等。

计量单位：100m²

定额编号				1-425	1-426	1-427
项目				栽植成片灌木		
				密度(株/m²)		
				≤49	≤64	≤81
名称			单位	消耗量		
人工	合计工日		工日	11.866	12.103	12.345
	其中	普工	工日	3.560	3.631	3.704
		一般技工	工日	8.306	8.472	8.641
		高级技工	工日	—	—	—
材料	灌木		株	4998.000	6528.000	8262.000
	水		m³	5.000	5.000	5.000

(4)栽植单排绿篱

工作内容:挖坑、场内运输、排苗、回土、筑水围、浇定根水、覆土、修剪、清理等。 **计量单位:** 10m

定额编号			1-428	1-429	1-430	1-431
项目			栽植单排绿篱			
			高度(cm)			
			≤40	≤60	≤80	≤100
名称		单位	消耗量			
人工	合计工日	工日	0.420	0.510	0.670	0.920
人工	其中 普工	工日	0.126	0.153	0.201	0.276
人工	其中 一般技工	工日	0.294	0.357	0.469	0.644
人工	其中 高级技工	工日	—	—	—	—
材料	灌木	株	81.600	61.200	40.800	30.600
材料	水	m^3	0.150	0.200	0.250	0.300

工作内容:挖坑、场内运输、排苗、回土、浇定根水、覆土、修剪、清理等。 **计量单位:** 10m

定额编号			1-432	1-433	1-434	1-435
项目			栽植单排绿篱			
			高度(cm)			
			≤120	≤150	≤200	>200
名称		单位	消耗量			
人工	合计工日	工日	1.100	1.410	1.636	1.897
人工	其中 普工	工日	0.330	0.423	0.491	0.569
人工	其中 一般技工	工日	0.770	0.987	1.145	1.328
人工	其中 高级技工	工日	—	—	—	—
材料	灌木	株	20.400	15.750	10.200	8.160
材料	水	m^3	0.400	0.500	0.600	0.650

(5)栽植双排绿篱

工作内容:挖坑、场内运输、排苗、回土、浇定根水、覆土、修剪、清理等。　　**计量单位**: 10m

定额编号			1-436	1-437	1-438	1-439
项目			栽植双排绿篱			
			高度(cm)			
			≤40	≤60	≤80	≤100
名称		单位	消耗量			
人工	合计工日	工日	0.510	0.600	0.855	1.290
	其中	普工	工日	0.153	0.180	0.257	0.387
		一般技工	工日	0.357	0.420	0.598	0.903
		高级技工	工日	—	—	—	—
材料	灌木	株	146.880	110.160	73.440	55.080
	水	m^3	0.200	0.250	0.300	0.400

工作内容:挖坑、场内运输、排苗、回土、浇定根水、覆土、修剪、清理等。　　**计量单位**: 10m

定额编号			1-440	1-441	1-442	1-443
项目			栽植双排绿篱			
			高度(cm)			
			≤120	≤150	≤200	>200
名称		单位	消耗量			
人工	合计工日	工日	1.871	2.712	3.255	3.906
	其中 普工	工日	0.561	0.814	0.977	1.172
	其中 一般技工	工日	1.310	1.898	2.278	2.734
	其中 高级技工	工日	—	—	—	—
材料	灌木	株	36.720	27.540	18.360	14.688
	水	m^3	0.550	0.715	0.858	1.030

3.栽植竹类

(1)栽植散生竹

工作内容:挖坑、场内运输、栽植(扶正、捣实、回土、筑水围)、浇定根水、覆土、保墒、修剪、清理等。

计量单位: 10株

定额编号				1-444	1-445	1-446
项目				栽植散生竹		
				胸径(cm)		
				≤2	≤4	≤6
名称			单位	消耗量		
人工	合计工日		工日	0.288	0.450	0.720
	其中	普工	工日	0.086	0.135	0.216
		一般技工	工日	0.202	0.315	0.504
		高级技工	工日	—	—	—
材料	散生竹苗		株	10.400	10.400	10.400
	水		m^3	0.300	0.380	0.500

工作内容:挖坑、场内运输、栽植(扶正、捣实、回土)、浇定根水、覆土、保墒、修剪、清理等。

计量单位: 10株

定额编号				1-447	1-448
项目				栽植散生竹	
				胸径(cm)	
				≤8	≤10
名称			单位	消耗量	
人工	合计工日		工日	1.190	2.025
	其中	普工	工日	0.357	0.608
		一般技工	工日	0.833	1.417
		高级技工	工日	—	—
材料	散生竹苗		株	10.400	10.400
	水		m^3	0.750	1.200

(2)栽植丛生竹

工作内容:挖坑、场内运输、栽植(扶正、捣实、回土、筑水围)、浇定根水、覆土、保墒、修剪、清理等。

计量单位: 10 丛

定额编号				1-449	1-450	1-451
项目				栽植丛生竹		
				根盘丛径(cm)		
				≤30	≤40	≤50
名称			单位	消耗量		
人工	合计工日		工日	0.700	1.200	2.030
	其中	普工	工日	0.210	0.360	0.609
		一般技工	工日	0.490	0.840	1.421
		高级技工	工日	—	—	—
材料	丛生竹苗		丛	10.400	10.400	10.400
	水		m^3	0.250	0.380	0.550

工作内容:挖坑、场内运输、栽植(扶正、捣实、回土、筑水围)、浇定根水、覆土、保墒、修剪、清理等。

计量单位: 10 丛

定额编号				1-452	1-453	1-454
项目				栽植丛生竹		
				根盘丛径(cm)		
				≤60	≤70	≤80
名称			单位	消耗量		
人工	合计工日		工日	3.060	3.705	4.500
	其中	普工	工日	0.918	1.112	1.350
		一般技工	工日	2.142	2.593	3.150
		高级技工	工日	—	—	—
材料	丛生竹苗		丛	10.400	10.400	10.400
	水		m^3	0.750	0.950	1.100

4. 栽植棕榈类

工作内容：挖坑、场内运输、栽植(扶正、捣实、回土、筑水围)、浇定根水、覆土、保墒、修剪、清理等。

计量单位：10株

定额编号				1-455	1-456	1-457
项目				栽植棕榈类		
				地径(cm)		
				≤15	≤20	≤25
名称			单位	消耗量		
人工	合计工日		工日	1.960	3.540	6.048
	其中	普工	工日	0.588	1.062	1.814
		一般技工	工日	1.372	2.478	4.234
		高级技工	工日	—	—	—
材料	棕榈类苗木		株	10.500	10.500	10.500
	水		m^3	1.200	1.680	2.285

工作内容：挖坑、场内运输、栽植(扶正、捣实、回土、筑水围)、浇定根水、覆土、保墒、修剪、清理等。

计量单位：10株

定额编号				1-458	1-459	1-460
项目				栽植棕榈类		
				地径(cm)		
				≤30	≤35	≤40
名称			单位	消耗量		
人工	合计工日		工日	9.295	13.720	19.650
	其中	普工	工日	2.789	4.116	5.895
		一般技工	工日	6.506	9.604	13.755
		高级技工	工日	—	—	—
材料	棕榈类苗木		株	10.500	10.500	10.500
	水		m^3	3.062	3.980	4.975
机械	汽车式起重机 提升质量8t		台班	0.450	0.675	0.901

工作内容：挖坑、场内运输、栽植（扶正、捣实、回土、筑水围）、浇定根水、覆土、保墒、修剪、清理等。

计量单位：10 株

定额编号				1-461	1-462	1-463
项目				栽植棕榈类		
				地径（cm）		
				≤45	≤50	≤55
名称			单位	消耗量		
人工	合计工日		工日	26.800	34.893	43.557
	其中	普工	工日	8.040	10.468	13.067
		一般技工	工日	18.760	24.425	30.490
材料	棕榈类苗木		株	10.500	10.500	10.500
	水		m^3	5.970	6.866	7.552
机械	汽车式起重机 提升质量 8t		台班	0.939	1.173	—
	汽车式起重机 提升质量 12t		台班	—	—	1.407

工作内容：挖坑、场内运输、栽植（扶正、捣实、回土、筑水围）、浇定根水、覆土、保墒、修剪、清理等。

计量单位：10 株

定额编号				1-464	1-465	1-466
项目				栽植棕榈类		
				地径（cm）		
				≤60	≤70	≤80
名称			单位	消耗量		
人工	合计工日		工日	51.709	58.915	63.644
	其中	普工	工日	15.513	17.675	19.093
		一般技工	工日	36.196	41.240	44.551
		高级技工	工日	—	—	—
材料	棕榈类苗木		株	10.500	10.500	10.500
	水		m^3	7.930	8.168	8.250
机械	汽车式起重机 提升质量 12t		台班	1.800	2.250	2.700

5. 栽植攀缘植物

工作内容：挖坑、场内运输、栽植、回土捣实、浇定根水、覆土、修剪、整理等。 **计量单位：** 10株

定额编号				1-467	1-468	1-469
项目				栽植攀缘植物		
				地径(cm)		
				≤1	≤2	≤3
名称			单位	消耗量		
人工	合计工日		工日	0.036	0.068	0.103
	其中	普工	工日	0.011	0.021	0.031
		一般技工	工日	0.025	0.047	0.072
		高级技工	工日	—	—	—
材料	攀缘植物		株	10.200	10.200	10.200
	水		m^3	0.058	0.117	0.153

工作内容：挖坑、场内运输、栽植、回土捣实、浇定根水、覆土、修剪、整理等。 **计量单位：** 10株

定额编号				1-470	1-471
项目				栽植攀缘植物	
				地径(cm)	
				≤4	≤5
名称			单位	消耗量	
人工	合计工日		工日	0.154	0.231
	其中	普工	工日	0.046	0.069
		一般技工	工日	0.108	0.162
		高级技工	工日	—	—
材料	攀缘植物		株	10.200	10.200
	水		m^3	0.195	0.233

6. 栽植露地花卉

工作内容：翻土整地、清除杂物、放样、场内运输、栽植、浇定根水、修剪、清理等。　**计量单位**：100m²

定　额　编　号				1-472	1-473	1-474	1-475
项　　目				一、二年生草本花卉			
				密度(株/m²)			
				≤16	≤25	≤36	≤49
名　称			单位	消　耗　量			
人工	合计工日		工日	8.731	9.701	10.545	11.100
	其中	普工	工日	2.619	2.910	3.164	3.330
		一般技工	工日	6.112	6.791	7.381	7.770
		高级技工	工日	—	—	—	—
材料	花苗		株	1760.000	2750.000	3960.000	5390.000
	水		m³	5.000	5.000	5.000	5.000

工作内容：翻土整地、清除杂物、放样、场内运输、栽植、浇定根水、修剪、清理等。　**计量单位**：100m²

定　额　编　号				1-476	1-477	1-478
项　　目				一、二年生草本花卉		
				密度(株/m²)		
				≤64	≤81	≤100
名　称			单位	消　耗　量		
人工	合计工日		工日	12.432	13.302	13.967
	其中	普工	工日	3.730	3.991	4.190
		一般技工	工日	8.702	9.311	9.777
		高级技工	工日	—	—	—
材料	花苗		株	7040.000	8910.000	11000.000
	水		m³	5.000	5.000	5.000

工作内容: 翻土整地、清除杂物、放样、场内运输、栽植、浇定根水、修剪、清理等。

计量单位: 100m²

定额编号				1-479	1-480	1-481	1-482
项目				球根、块根、宿根花卉			
				密度(株/m²)			
				≤16	≤25	≤36	≤49
名称			单位	消耗量			
人工	合计工日		工日	7.858	8.731	9.491	10.528
	其中	普工	工日	2.357	2.619	2.847	3.158
		一般技工	工日	5.501	6.112	6.644	7.370
		高级技工	工日	—	—	—	—
材料	花苗		株	1664.000	2600.000	3744.000	5096.000
	水		m^3	5.000	5.000	5.000	5.000

工作内容: 翻土整地、清除杂物、放样、场内运输、栽植、浇定根水、清理等。

计量单位: 100m²

定额编号				1-483	1-484	1-485
项目				球根、块根、宿根花卉		
				密度(株/m²)		
				≤64	≤81	≤100
名称			单位	消耗量		
人工	合计工日		工日	11.189	11.972	12.571
	其中	普工	工日	3.357	3.592	3.771
		一般技工	工日	7.832	8.380	8.800
		高级技工	工日	—	—	—
材料	花苗		株	6656.000	8424.000	10400.000
	水		m^3	5.000	5.000	5.000

7. 栽植地被植物

工作内容：翻土整地、清除杂物、放样、场内运输、栽植、浇定根水、修剪、清理等。　　计量单位：100m²

定额编号				1-486	1-487	1-488	1-489
项目				栽植地被植物			
				密度(株/m²)			
				≤16	≤25	≤36	≤49
名称			单位	消耗量			
人工	合计工日		工日	6.414	7.159	8.949	9.990
	其中	普工	工日	1.924	2.148	2.685	2.997
		一般技工	工日	4.490	5.011	6.264	6.993
		高级技工	工日	—	—	—	—
材料	地被植物		株	1632.000	2550.000	3672.000	4998.000
	水		m³	5.000	5.000	5.000	5.000

工作内容：翻土整地、清除杂物、放样、场内运输、栽植、浇定根水、修剪、清理等。　　计量单位：100m²

定额编号				1-490	1-491	1-492
项目				栽植地被植物		
				密度(株/m²)		
				≤64	≤81	≤100
名称			单位	消耗量		
人工	合计工日		工日	11.050	11.603	12.183
	其中	普工	工日	3.315	3.481	3.655
		一般技工	工日	7.735	8.122	8.528
		高级技工	工日	—	—	—
材料	地被植物		株	6528.000	8262.000	10200.000
	水		m³	5.000	5.000	5.000

8. 栽植水生植物

(1) 栽植湿生植物

工作内容：场内运输、挖坑、栽植、回土、修剪、清理等。 **计量单位**：10丛

定额编号				1-493	1-494	1-495
项目				湿生植物		
				根盘直径≤15cm		
				芽数(芽/丛)		
				≤5	≤10	>10
名称			单位	消耗量		
人工	合计工日		工日	0.030	0.038	0.046
	其中	普工	工日	0.009	0.011	0.014
		一般技工	工日	0.021	0.027	0.032
		高级技工	工日	—	—	—
材料	湿生植物		丛	10.500	10.500	10.500

工作内容：场内运输、挖坑、栽植、回土、修剪、清理等。 **计量单位**：10丛

定额编号				1-496	1-497	1-498
项目				湿生植物		
				根盘直径>15cm		
				芽数(芽/丛)		
				≤5	≤10	>10
名称			单位	消耗量		
人工	合计工日		工日	0.051	0.064	0.076
	其中	普工	工日	0.015	0.019	0.023
		一般技工	工日	0.036	0.045	0.053
		高级技工	工日	—	—	—
材料	湿生植物		丛	10.500	10.500	10.500

(2)栽植挺水植物

工作内容:场内运输、栽植、修剪、清理等。

计量单位: 10 丛

定 额 编 号				1-499	1-500	1-501
项 目				挺水植物		
				根盘直径≤15cm		
				芽数(芽/丛)		
				≤5	≤10	>10
名 称			单位	消 耗 量		
人工	合计工日		工日	0.076	0.095	0.114
	其中	普工	工日	0.023	0.029	0.034
		一般技工	工日	0.053	0.066	0.080
		高级技工	工日	—	—	—
材料	挺水植物		丛	10.500	10.500	10.500

工作内容:场内运输、栽植、修剪、清理等。

定 额 编 号				1-502	1-503	1-504	1-505
项 目				挺水植物			
				根盘直径>15cm(10 丛)			荷花(10 株)
				芽数(芽/丛)			两节以上带芽
				≤5	≤10	>10	
名 称			单位	消 耗 量			
人工	合计工日		工日	0.095	0.119	0.143	0.119
	其中	普工	工日	0.029	0.036	0.043	0.036
		一般技工	工日	0.066	0.083	0.100	0.083
		高级技工	工日	—	—	—	—
材料	挺水植物		丛	10.500	10.500	10.500	10.500

(3)栽植沉水植物

工作内容:场内运输、栽植、修剪、清理等。 计量单位: 10丛

定额编号				1-506	1-507
项目				沉水植物	
				密度(丛/m²)	
				≤3	>3
名称			单位	消耗量	
人工	合计工日		工日	0.114	0.095
	其中	普工	工日	0.034	0.028
		一般技工	工日	0.080	0.067
		高级技工	工日	—	—
材料	沉水植物		丛	10.500	10.500

(4)栽植浮叶植物

工作内容:场内运输、栽植、修剪、清理等。 计量单位: 10丛

定额编号				1-508	1-509
项目				浮叶植物	
				密度(丛/m²)	
				≤3	>3
名称			单位	消耗量	
人工	合计工日		工日	0.095	0.079
	其中	普工	工日	0.029	0.024
		一般技工	工日	0.066	0.055
		高级技工	工日	—	—
材料	浮叶植物		丛	10.500	10.500

(5)栽植漂浮植物

工作内容:场内运输、栽植、修剪、清理等。 计量单位: 100m²

定额编号				1-510	1-511	1-512
项目				漂浮植物		
				种植覆盖率(%)		
				≤50	≤70	>70
名称			单位	消耗量		
人工	合计工日		工日	0.400	0.500	0.600
	其中	普工	工日	0.120	0.150	0.180
		一般技工	工日	0.280	0.350	0.420
		高级技工	工日	—	—	—
材料	漂浮植物		m²	52.500	73.500	105.000

9. 垂直墙体绿化

工作内容：场内运输、定位、下料、打眼、剔洞、安螺栓、安装龙骨等。　　**计量单位：**100m²

定额编号				1-513	1-514	1-515
项目				龙骨基层		
				轻钢龙骨	铝合金龙骨	木龙骨
名称			单位	消耗量		
人工	合计工日		工日	9.900	11.300	11.700
	其中	普工	工日	3.000	3.400	3.500
		一般技工	工日	5.900	6.800	7.000
		高级技工	工日	1.000	1.100	1.200
材料	轻钢竖向龙骨 30×30		m	71.300	—	—
	轻钢竖向龙骨 50×75		m	280.300	—	—
	轻钢沿边龙骨 QU75		m	71.300	—	—
	铝合金龙骨 60×30		m	—	402.800	—
	板枋材		m^3	—	—	2.070
	膨胀螺栓 钢制 M12		套	255.000	529.400	—
	圆钉(综合)		kg	—	—	24.000
	防腐油		kg	—	—	3.000
	轻钢龙骨角托		个	306.000	—	—
	轻钢龙骨卡托		个	306.000	—	—
	其他材料费		%	3.000	3.000	3.000
机械	砂轮切割机 砂轮直径 400mm		台班	0.300	3.500	—
	木工圆锯机 直径 500mm		台班	—	—	0.200

工作内容：1. 硅酸板、防腐蚀板：场内运输、定位、下料、打眼、剔洞、安螺栓、安装龙骨等。

2. 模块式垂直绿化：场内运输、种植模块内铺设无纺布、填充种植介质土、安装种植模块、种植苗木等。

计量单位：100m²

定额编号				1-516	1-517	1-518
项目				垂直绿化板		模块式垂直绿化墙
				硅酸板	防腐蚀板	
名称			单位	消耗量		
人工	合计工日		工日	10.700	10.100	110.300
	其中	普工	工日	3.200	2.020	33.100
		一般技工	工日	6.400	8.080	66.200
		高级技工	工日	1.100	—	11.000
材料	硅酸钙板 δ8		m²	103.000	—	—
	PVC 防腐蚀板		m²	—	103.000	—
	成品种植模块 330×190×140		只	—	—	2400.000
	苗木		株	—	—	4800.000
	种植土		m³	—	—	10.800
	无纺布		m²	—	—	336.500
	镀锌自攻螺钉 ST3×10		个	2000.000	2000.000	—
	其他材料费		%	3.000	3.000	3.000

工作内容：场内运输、制作、安装等。

计量单位：100m²

定额编号				1-519	1-520
项目				粘贴式垂直绿化墙	
				软式	硬式
名称			单位	消耗量	
人工	合计工日		工日	5.000	7.300
	其中	普工	工日	1.500	2.200
		一般技工	工日	0.500	4.400
		高级技工	工日	3.000	0.700
材料	平织尼龙网		m²	102.000	—
	镀锌扁钢 16×0.5		m	112.200	—
	镀塑钢丝围栏		m²	—	102.500
	其他材料费		%	3.000	3.000
机械	载货汽车 装载质量 5t		台班	—	0.300

工作内容：1. 场内运输、铺设无纺布、回填种植土、种植苗木、种植槽钢托架的制作、安装等。
2. 放样、植物袋包裹、苗木栽植、整理等。
3. 调配基质、洒水拌和、基质填充、捣实、清理等。
4. 定位、安装拉索组件及钢索等。

定额编号				1-521	1-522	1-523	1-524
项目				沿口种植槽绿化	立体造型绿化	立体花卉基质填充	爬藤钢索
				100m²		10m³	10 根
名称			单位	消耗量			
人工	合计工日		工日	64.100	163.870	33.980	6.300
	其中	普工	工日	19.200	32.774	6.796	1.890
		一般技工	工日	38.500	131.096	27.184	3.780
		高级技工	工日	6.400	—	—	0.630
材料	苗木		株	300.000	—	—	—
	花卉		盆	—	10000.000	—	—
	种植土		m³	7.000	—	—	—
	种植基质		m³	—	—	11.000	—
	无纺布		m²	106.100	426.000	—	—
	成品种植槽 650×289×250		只	154.000	—	—	—
	铁件支架		kg	2089.500	—	—	—
	不锈钢索 $\phi6$		m	—	—	—	210.000
	不锈钢拉索组件		套	—	—	—	101.000
	镀锌连接铁件		kg	—	—	—	208.800
	水		m³	—	5.000	0.500	—
	其他材料费		%	3.000	3.000	—	—
机械	载货汽车 装载质量 5t		台班	3.900	—	—	—

10.盆 花 布 置

工作内容:场内运输、摆设、浇水一次等。 **计量单位**:100 盆

定额编号				1-525	1-526	1-527
项目				盆花布置		
				平面		
				盆径(cm)		
				≤15	≤20	≤30
名称			单位	消耗量		
人工	合计工日		工日	0.214	0.303	0.364
	其中	普工	工日	0.064	0.091	0.109
		一般技工	工日	0.150	0.212	0.255
		高级技工	工日	—	—	—
材料	盆花花苗		盆	102.000	102.000	102.000
	水		m^3	0.100	0.100	0.100

工作内容:场内运输、摆设、浇水一次等。 **计量单位**:100 盆

定额编号				1-528	1-529	1-530
项目				盆花布置		
				平面		
				盆径(cm)		
				≤40	≤50	≤60
名称			单位	消耗量		
人工	合计工日		工日	0.419	0.482	0.554
	其中	普工	工日	0.126	0.145	0.166
		一般技工	工日	0.293	0.337	0.388
		高级技工	工日	—	—	—
材料	盆花花苗		盆	102.000	102.000	102.000
	水		m^3	0.100	0.100	0.100

工作内容：场内运输、摆设、浇水一次等。 计量单位：100 盆

定 额 编 号				1-531	1-532	1-533
项 目				盆花布置		
				立面		
				盆径(cm)		
				≤15	≤20	≤30
名 称			单位	消 耗 量		
人工	合计工日		工日	0.278	0.395	0.473
	其中	普工	工日	0.084	0.119	0.142
		一般技工	工日	0.194	0.276	0.331
		高级技工	工日	—	—	—
材料	盆花花苗		盆	102.000	102.000	102.000
	水		m^3	0.120	0.120	0.120

工作内容：场内运输、摆设、浇水一次等。 计量单位：100 盆

定 额 编 号				1-534	1-535	1-536
项 目				盆花布置		
				立面		
				盆径(cm)		
				≤40	≤50	≤60
名 称			单位	消 耗 量		
人工	合计工日		工日	0.544	0.626	0.720
	其中	普工	工日	0.163	0.188	0.216
		一般技工	工日	0.381	0.438	0.504
		高级技工	工日	—	—	—
材料	盆花花苗		盆	102.000	102.000	102.000
	水		m^3	0.120	0.120	0.120

11.草皮(坪)铺种、播种

工作内容:翻整土地、耙细履平、清除杂物、场内运输、铺植、浇定根水、清理等。 **计量单位:**100m²

定额编号			1-537	1-538
项目			植草砖孔内	
			植草	播种
名称		单位	消耗量	
人工	合计工日	工日	3.470	1.275
	其中 普工	工日	1.041	0.383
	其中 一般技工	工日	2.429	0.892
	其中 高级技工	工日	—	—
材料	草皮	m²	28.350	—
	草种	kg	—	0.720
	无纺布	m²	—	110.000
	水	m³	0.880	0.800

工作内容:翻整土地、耙细履平、清除杂物、场内运输、铺植、浇定根水、清理等。 **计量单位:**100m²

定额编号			1-539	1-540	1-541
项目			草坪		
			散铺	满铺	播种
名称		单位	消耗量		
人工	合计工日	工日	2.500	3.425	1.795
	其中 普工	工日	0.750	1.028	0.539
	其中 一般技工	工日	1.750	2.397	1.256
	其中 高级技工	工日	—	—	—
材料	草皮	m²	78.750	105.000	—
	草种	kg	—	—	2.400
	无纺布	m²	—	—	110.000
	水	m³	1.000	1.100	1.000

五、栽植工程植物养护

1.乔 木 养 护

(1)常绿乔木养护

工作内容:中耕施肥、整地除草、修剪剥芽、病虫害防治、树桩绑扎、加土扶正、清除枯枝、灌溉排水、环境清理等。

计量单位:10 株/月

定 额 编 号				1-542	1-543	1-544
项 目				常绿乔木养护		
				胸径≤6cm/干径≤8cm	胸径≤10cm/干径≤12cm	胸径≤16cm/干径≤18cm
名 称			单位	消 耗 量		
人工	合计工日		工日	0.243	0.258	0.286
	其中	普工	工日	0.073	0.077	0.086
		一般技工	工日	0.146	0.155	0.171
		高级技工	工日	0.024	0.026	0.029
材料	肥料		kg	0.500	0.540	0.583
	药剂		kg	0.030	0.036	0.044
	水		m^3	0.387	0.555	0.798
机械	杀虫车 载重质量 1.5t		台班	0.003	0.004	0.005

工作内容:中耕施肥、整地除草、修剪剥芽、病虫害防治、树桩绑扎、加土扶正、清除枯枝、灌溉排水、环境清理等。

计量单位:10 株/月

定 额 编 号				1-545	1-546	1-547
项 目				常绿乔木养护		
				胸径≤20cm/干径≤24cm	胸径≤24cm/干径≤28cm	胸径≤32cm/干径≤35cm
名 称			单位	消 耗 量		
人工	合计工日		工日	0.331	0.413	0.563
	其中	普工	工日	0.099	0.124	0.169
		一般技工	工日	0.199	0.248	0.338
		高级技工	工日	0.033	0.041	0.056
材料	肥料		kg	0.630	0.680	0.735
	药剂		kg	0.052	0.063	0.075
	水		m^3	1.149	1.655	2.387
机械	杀虫车 载重质量 1.5t		台班	0.006	0.007	0.008

工作内容:中耕施肥、整地除草、修剪剥芽、病虫害防治、树桩绑扎、加土扶正、清除枯枝、灌溉排水、环境清理等

计量单位:10 株/月

定额编号				1-548	1-549	1-550	1-551
项目				常绿乔木养护			
				胸径≤35cm/干径≤40cm	胸径≤40cm/干径≤45cm	胸径≤45cm/干径≤50cm	胸径≤50cm/干径≤55cm
名称			单位	消耗量			
人工	合计工日		工日	0.794	0.984	1.164	1.280
	其中	普工	工日	0.238	0.295	0.349	0.384
		一般技工	工日	0.477	0.591	0.698	0.768
		高级技工	工日	0.079	0.098	0.117	0.128
材料	肥料		kg	0.793	0.857	0.926	1.018
	药剂		kg	0.090	0.108	0.130	0.143
	水		m^3	3.446	4.979	7.197	7.917
机械	杀虫车 载重质量1.5t		台班	0.005	0.006	0.007	0.008

(2)落叶乔木养护

工作内容:中耕施肥、整地除草、修剪剥芽、病虫害防治、树桩绑扎、加土扶正、清除枯枝、灌溉排水、环境清理等。

计量单位:10 株/月

定额编号				1-552	1-553	1-554
项目				落叶乔木养护		
				胸径≤6cm/干径≤8cm	胸径≤10cm/干径≤12cm	胸径≤16cm/干径≤18cm
名称			单位	消耗量		
人工	合计工日		工日	0.263	0.310	0.371
	其中	普工	工日	0.079	0.093	0.111
		一般技工	工日	0.158	0.186	0.223
		高级技工	工日	0.026	0.031	0.037
材料	肥料		kg	0.465	0.502	0.542
	药剂		kg	0.033	0.039	0.047
	水		m^3	0.360	0.516	0.740
机械	杀虫车 载重质量1.5t		台班	0.004	0.005	0.006

工作内容: 中耕施肥、整地除草、修剪剥芽、病虫害防治、树桩绑扎、加土扶正、清除枯枝、灌溉排水、环境清理等。

计量单位: 10株/月

定额编号				1-555	1-556	1-557
项目				落叶乔木养护		
				胸径≤20cm/干径≤24cm	胸径≤24cm/干径≤28cm	胸径≤32cm/干径≤35cm
名称			单位	消耗量		
人工	合计工日		工日	0.464	0.598	0.844
	其中	普工	工日	0.139	0.179	0.253
		一般技工	工日	0.278	0.359	0.507
		高级技工	工日	0.047	0.060	0.084
材料	肥料		kg	0.586	0.633	0.683
	药剂		kg	0.057	0.068	0.081
	水		m^3	1.063	1.531	2.206
机械	杀虫车 载重质量1.5t		台班	0.007	0.008	0.010

工作内容: 中耕施肥、整地除草、修剪剥芽、病虫害防治、树桩绑扎、加土扶正、清除枯枝、灌溉排水、环境清理等。

计量单位: 10株/月

定额编号				1-558	1-559	1-560	1-561
项目				落叶乔木养护			
				胸径≤35cm/干径≤40cm	胸径≤40cm/干径≤45cm	胸径≤45cm/干径≤50cm	胸径≤50cm/干径≤55cm
名称			单位	消耗量			
人工	合计工日		工日	1.223	1.559	1.862	2.049
	其中	普工	工日	0.367	0.468	0.559	0.615
		一般技工	工日	0.734	0.935	1.117	1.229
		高级技工	工日	0.122	0.156	0.186	0.205
材料	肥料		kg	0.738	0.797	0.861	0.947
	药剂		kg	0.098	0.117	0.141	0.155
	水		m^3	3.182	4.594	6.638	7.302
机械	杀虫车 载重质量1.5t		台班	0.012	0.014	0.017	0.019

2. 灌木养护

(1) 单株常绿灌木养护

工作内容: 中耕施肥、整地除草、病虫害防治、除萌蘖枝、修剪、松土、灌溉排水、环境清理等。

计量单位: 10株/月

定额编号				1-562	1-563	1-564
项目				单株常绿灌木养护		
				冠径(cm)		
				≤50	≤100	≤150
名称			单位	消耗量		
人工	合计工日		工日	0.034	0.041	0.051
	其中	普工	工日	0.011	0.012	0.015
		一般技工	工日	0.020	0.025	0.031
		高级技工	工日	0.003	0.004	0.005
材料	肥料		kg	0.031	0.044	0.061
	药剂		kg	0.002	0.003	0.004
	水		m^3	0.047	0.070	0.106
机械	杀虫车 载重质量1.5t		台班	0.002	0.003	0.004

工作内容: 中耕施肥、整地除草、病虫害防治、除萌蘖枝、修剪、松土、灌溉排水、环境清理等。

计量单位: 10株/月

定额编号				1-565	1-566	1-567
项目				单株常绿灌木养护		
				冠径(cm)		
				≤200	≤250	≤300
名称			单位	消耗量		
人工	合计工日		工日	0.068	0.094	0.135
	其中	普工	工日	0.020	0.029	0.040
		一般技工	工日	0.041	0.056	0.081
		高级技工	工日	0.007	0.009	0.014
材料	肥料		kg	0.086	0.120	0.168
	药剂		kg	0.006	0.008	0.012
	水		m^3	0.158	0.237	0.356
机械	杀虫车 载重质量1.5t		台班	0.006	0.009	0.014

工作内容:中耕施肥、整地除草、病虫害防治、除萌蘖枝、修剪、松土、灌溉排水、环境清理等。

计量单位:10 株/月

定额编号			1-568	1-569	1-570
项目			单株常绿灌木养护		
			冠径(cm)		
			≤350	≤400	>400
名称		单位	消耗量		
人工	合计工日	工日	0.202	0.279	0.352
	其中 普工	工日	0.061	0.084	0.106
	其中 一般技工	工日	0.121	0.168	0.211
	其中 高级技工	工日	0.020	0.027	0.035
材料	肥料	kg	0.236	0.330	0.462
	药剂	kg	0.018	0.026	0.037
	水	m^3	0.534	0.801	1.202
机械	杀虫车 载重质量1.5t	台班	0.020	0.028	0.041

(2)单株落叶灌木养护

工作内容:中耕施肥、整地除草、病虫害防治、修剪、松土、灌溉排水、环境清理等。

计量单位:10 株/月

定额编号			1-571	1-572	1-573
项目			单株落叶灌木养护		
			冠径(cm)		
			≤50	≤100	≤150
名称		单位	消耗量		
人工	合计工日	工日	0.038	0.080	0.116
	其中 普工	工日	0.011	0.024	0.036
	其中 一般技工	工日	0.023	0.048	0.069
	其中 高级技工	工日	0.004	0.008	0.011
材料	肥料	kg	0.034	0.066	0.093
	药剂	kg	0.002	0.003	0.004
	水	m^3	0.043	0.098	0.146
机械	杀虫车 载重质量1.5t	台班	0.002	0.003	0.004

工作内容:中耕施肥、整地除草、病虫害防治、修剪、松土、灌溉排水、环境清理等。

计量单位:10 株/月

定额编号				1-574	1-575	1-576
项目				单株落叶灌木养护		
				冠径(cm)		
				≤200	≤250	≤300
名称			单位	消耗量		
人工	合计工日		工日	0.162	0.235	0.341
	其中	普工	工日	0.049	0.071	0.103
		一般技工	工日	0.097	0.141	0.204
		高级技工	工日	0.016	0.023	0.034
材料	肥料		kg	0.130	0.182	0.254
	药剂		kg	0.006	0.009	0.014
	水		m^3	0.219	0.329	0.492
机械	杀虫车 载重质量 1.5t		台班	0.005	0.007	0.009

工作内容:中耕施肥、整地除草、病虫害防治、修剪、松土、灌溉排水、环境清理等。

计量单位:10 株/月

定额编号				1-577	1-578	1-579
项目				单株落叶灌木养护		
				冠径(cm)		
				≤350	≤400	>400
名称			单位	消耗量		
人工	合计工日		工日	0.494	0.717	1.008
	其中	普工	工日	0.149	0.215	0.302
		一般技工	工日	0.296	0.430	0.602
		高级技工	工日	0.049	0.072	0.104
材料	肥料		kg	0.356	0.498	0.697
	药剂		kg	0.031	0.044	0.064
	水		m^3	0.738	1.656	1.987
机械	杀虫车 载重质量 1.5t		台班	0.011	0.013	0.015

(3)单排绿篱养护

工作内容：中耕施肥、整地除草、病虫害防治、修剪、松土、灌溉排水、环境清理等。 **计量单位：**10m/月

定额编号				1-580	1-581	1-582	1-583	1-584
项目				单排绿篱养护				
				高度(cm)				
				≤50	≤100	≤150	≤200	>200
名称			单位	消耗量				
人工	合计工日		工日	0.014	0.021	0.030	0.036	0.045
	其中	普工	工日	0.005	0.006	0.009	0.011	0.013
		一般技工	工日	0.008	0.013	0.018	0.021	0.027
		高级技工	工日	0.001	0.002	0.003	0.004	0.005
材料	肥料		kg	0.063	0.079	0.092	0.107	0.124
	药剂		kg	0.004	0.005	0.006	0.007	0.009
	水		m^3	0.094	0.144	0.190	0.252	0.335
机械	杀虫车 载重质量1.5t		台班	0.003	0.003	0.003	0.004	0.005
	绿篱修剪机		台班	0.007	0.015	0.029	0.045	0.067

(4)双排绿篱养护

工作内容：中耕施肥、整地除草、病虫害防治、修剪、松土、灌溉排水、环境清理等。 **计量单位：**10m/月

定额编号				1-585	1-586	1-587	1-588	1-589
项目				双排绿篱养护				
				高度(cm)				
				≤50	≤100	≤150	≤200	>200
名称			单位	消耗量				
人工	合计工日		工日	0.017	0.025	0.036	0.044	0.057
	其中	普工	工日	0.005	0.007	0.011	0.014	0.017
		一般技工	工日	0.010	0.015	0.022	0.026	0.034
		高级技工	工日	0.002	0.003	0.003	0.004	0.006
材料	肥料		kg	0.073	0.091	0.106	0.124	0.143
	药剂		kg	0.005	0.005	0.007	0.008	0.010
	水		m^3	0.122	0.186	0.247	0.328	0.428
机械	杀虫车 载重质量1.5t		台班	0.003	0.003	0.004	0.005	0.006
	绿篱修剪机		台班	0.009	0.022	0.039	0.067	0.117

(5)片植灌木养护

工作内容:中耕施肥、整地除草、病虫害防治、修剪、松土、灌溉排水、环境清理等。

计量单位:100m²/月

定额编号				1-590	1-591	1-592
项目				片植灌木养护		
				密度(株/m²)		
				≤81	≤64	≤49
名称			单位	消耗量		
人工	合计工日		工日	0.462	0.554	0.658
	其中	普工	工日	0.139	0.167	0.197
		一般技工	工日	0.277	0.332	0.395
		高级技工	工日	0.046	0.055	0.066
材料	肥料		kg	1.500	1.815	1.997
	药剂		kg	0.091	0.142	0.177
	水		m³	2.977	3.627	4.007
机械	杀虫车 载重质量1.5t		台班	0.042	0.050	0.058
	绿篱修剪机		台班	0.069	0.076	0.083

工作内容:中耕施肥、整地除草、病虫害防治、修剪、松土、灌溉排水、环境清理等。

计量单位:100m²/月

定额编号				1-593	1-594
项目				片植灌木养护	
				密度(株/m²)	
				≤36	≤25
名称			单位	消耗量	
人工	合计工日		工日	0.767	0.892
	其中	普工	工日	0.230	0.268
		一般技工	工日	0.460	0.535
		高级技工	工日	0.077	0.089
材料	肥料		kg	2.196	2.400
	药剂		kg	0.222	0.278
	水		m³	4.405	4.800
机械	杀虫车 载重质量1.5t		台班	0.063	0.067
	绿篱修剪机		台班	0.092	0.102

3. 竹类养护

(1)散生竹养护

工作内容：中耕施肥、整地除草、病虫害防治、修剪、灌溉排水、环境清理等。　　**计量单位**：10 株/月

定额编号			1-595	1-596	1-597	1-598
项目			散生竹养护			
			胸径(cm)			
			≤4	≤6	≤8	≤10
名称		单位	消耗量			
人工	合计工日	工日	0.019	0.027	0.033	0.039
	其中 普工	工日	0.006	0.008	0.010	0.012
	其中 一般技工	工日	0.011	0.016	0.020	0.023
	其中 高级技工	工日	0.002	0.003	0.003	0.004
材料	肥料	kg	0.460	0.500	0.520	0.540
	药剂	kg	0.020	0.024	0.026	0.029
	水	m^3	0.205	0.303	0.376	0.449
机械	杀虫车 载重质量 1.5t	台班	0.002	0.002	0.002	0.003

(2)丛生竹养护

工作内容：中耕施肥、整地除草、病虫害防治、修剪、灌溉排水、环境清理等。　　**计量单位**：10 丛/月

定额编号			1-599	1-600	1-601
项目			丛生竹养护		
			根盘丛径(cm)		
			≤40	≤60	≤80
名称		单位	消耗量		
人工	合计工日	工日	0.068	0.084	0.104
	其中 普工	工日	0.020	0.026	0.032
	其中 一般技工	工日	0.041	0.050	0.062
	其中 高级技工	工日	0.007	0.008	0.010
材料	肥料	kg	0.440	0.532	0.644
	药剂	kg	0.027	0.032	0.039
	水	m^3	0.498	0.603	0.729
机械	杀虫车 载重质量 1.5t	台班	0.003	0.004	0.004

4. 棕榈类养护

工作内容:浇水、施肥、病虫害防治、修剪、钩干枝、除黄叶、除杂草、松土、清理环境等。

计量单位:10 株/月

定额编号				1-602	1-603	1-604
项目				棕榈类养护		
				地径(cm)		
				≤25	≤40	≤50
名称			单位	消耗量		
人工	合计工日		工日	0.586	0.713	0.854
	其中	普工	工日	0.176	0.214	0.257
		一般技工	工日	0.352	0.428	0.512
		高级技工	工日	0.058	0.071	0.085
材料	肥料		kg	0.833	1.000	1.200
	药剂		kg	0.263	0.329	0.411
	水		m^3	1.615	1.775	1.951
机械	杀虫车 载重质量1.5t		台班	0.032	0.040	0.050

工作内容:浇水、施肥、病虫害防治、修剪、钩干枝、除黄叶、除杂草、松土、环境清理等。

计量单位:10 株/月

定额编号				1-605	1-606	1-607
项目				棕榈类养护		
				地径(cm)		
				≤60	≤70	≤80
名称			单位	消耗量		
人工	合计工日		工日	0.983	1.113	1.243
	其中	普工	工日	0.295	0.334	0.373
		一般技工	工日	0.590	0.668	0.746
		高级技工	工日	0.098	0.111	0.124
材料	肥料		kg	1.440	1.728	2.074
	药剂		kg	0.514	0.642	0.803
	水		m^3	2.144	2.356	2.589
机械	杀虫车 载重质量1.5t		台班	0.063	0.078	0.098

5. 水生植物养护

工作内容:分株种植、施肥、病虫害防治、修剪、清理枯枝(叶)、环境清理等。 **计量单位**:100m²/月

定额编号			1-608
项目			水生植物、荷花
名称		单位	消耗量
人工	合计工日	工日	0.720
	其中 普工	工日	0.216
	其中 一般技工	工日	0.432
	其中 高级技工	工日	0.072
材料	肥料	kg	0.033
	药剂	kg	0.009
机械	杀虫车 载重质量1.5t	台班	0.010

6. 攀缘植物养护

工作内容:松土、除杂、施肥、病虫害防治、修剪、理藤、牵引、环境清理等。 **计量单位**:10株/月

定额编号			1-609	1-610
项目			攀缘植物养护	
			地径(cm)	
			≤3	>3
名称		单位	消耗量	
人工	合计工日	工日	0.053	0.133
	其中 普工	工日	0.016	0.040
	其中 一般技工	工日	0.032	0.080
	其中 高级技工	工日	0.005	0.013
材料	肥料	kg	0.011	0.017
	药剂	kg	0.002	0.005
	水	m^3	0.110	0.303
机械	杀虫车 载重质量1.5t	台班	0.002	0.005

7.露地花卉及地被植物养护

工作内容:浇水、施肥、病虫害防治、修剪、除杂草黄叶、松土、清理蔫花等。 **计量单位:**100m²/月

定额编号				1-611	1-612	1-613
项目				球根、块根、宿根类	一、二年生草本花	地被植物
名称			单位	消耗量		
人工	合计工日		工日	0.640	1.190	0.723
	其中	普工	工日	0.192	0.357	0.218
		一般技工	工日	0.384	0.714	0.433
		高级技工	工日	0.064	0.119	0.072
材料	肥料		kg	0.180	3.500	0.150
	药剂		kg	0.090	1.030	0.085
	水		m^3	3.325	16.196	3.080
机械	杀虫车 载重质量1.5t		台班	0.030	0.040	0.020

8.草坪养护

(1)暖季型草坪养护

工作内容:整地碾压、扎草修边、草屑清除、挑除杂草、施肥、灌溉排水、病虫害防治、环境清理等。 **计量单位:**100m²/月

定额编号				1-614	1-615	1-616
项目				暖季型草坪		
				满铺	散铺	播种
名称			单位	消耗量		
人工	合计工日		工日	0.460	0.434	0.560
	其中	普工	工日	0.138	0.130	0.168
		一般技工	工日	0.276	0.260	0.336
		高级技工	工日	0.046	0.044	0.056
材料	肥料		kg	2.067	1.447	1.860
	药剂		kg	0.033	0.026	0.030
	水		m^3	1.317	1.119	1.580
机械	杀虫车 载重质量1.5t		台班	0.025	0.020	0.021
	剪草机		台班	0.042	0.035	0.032

(2)冷季型草坪养护

工作内容：整地碾压、扎草修边、草屑清除、挑除杂草、加土施肥、灌溉排水、病虫害防治、环境清理等。

计量单位：100m²/月

定额编号				1-617	1-618	1-619
项目				冷季型草坪		
				满铺	散铺	播种
名称			单位	消耗量		
人工	合计工日		工日	0.969	0.875	1.088
	其中	普工	工日	0.291	0.263	0.326
		一般技工	工日	0.581	0.525	0.653
		高级技工	工日	0.097	0.087	0.109
材料	肥料		kg	2.483	1.738	2.111
	药剂		kg	0.055	0.050	0.045
	水		m³	1.425	1.266	1.583
机械	杀虫车 载重质量1.5t		台班	0.040	0.035	0.030
	剪草机		台班	0.208	0.083	0.067

(3)混合型草坪养护

工作内容：整地碾压、扎草修边、草屑清除、挑除杂草、施肥、灌溉排水、病虫害防治、环境清理等。

计量单位：100m²/月

定额编号				1-620	1-621	1-622
项目				混合型草坪		
				满铺	散铺	播种
名称			单位	消耗量		
人工	合计工日		工日	0.770	0.695	0.864
	其中	普工	工日	0.231	0.209	0.259
		一般技工	工日	0.462	0.416	0.519
		高级技工	工日	0.077	0.070	0.086
材料	肥料		kg	2.235	1.564	1.899
	药剂		kg	0.050	0.045	0.041
	水		m³	1.282	1.140	1.425
机械	杀虫车 载重质量1.5t		台班	0.036	0.032	0.024
	剪草机		台班	0.177	0.071	0.057

六、酒水车浇水

工作内容：安装、拆除胶管，运水，浇水，堵水等。　　　　**计量单位：**10 株·年

定额编号				1-623	1-624	1-625	1-626
项目				裸根乔木洒水车浇水			
				胸径≤6cm/干径≤8cm	胸径≤8cm/干径≤10cm	胸径≤10cm/干径≤12cm	胸径≤14cm/干径≤16cm
名称			单位	消耗量			
人工	合计工日		工日	—	—	—	—
	其中	普工	工日	—	—	—	—
		一般技工	工日	—	—	—	—
		高级技工	工日	—	—	—	—
机械	洒水车 罐容量 8000L		台班	0.093	0.144	0.189	0.234

工作内容：安装、拆除胶管，运水，浇水，堵水等。　　　　**计量单位：**10 株·年

定额编号				1-627	1-628	1-629	1-630
项目				裸根乔木洒水车浇水			
				胸径≤16cm/干径≤18cm	胸径≤20cm/干径≤24cm	胸径≤24cm/干径≤28cm	胸径≤28cm/干径≤32cm
名称			单位	消耗量			
人工	合计工日		工日	—	—	—	—
	其中	普工	工日	—	—	—	—
		一般技工	工日	—	—	—	—
		高级技工	工日	—	—	—	—
机械	洒水车 罐容量 8000L		台班	0.288	0.342	0.375	0.408

工作内容：安装、拆除胶管，运水，浇水，堵水等。

计量单位：10 株 · 年

定额编号				1-631	1-632	1-633	1-634	1-635
项目				裸根乔木洒水车浇水				
				胸径≤32cm/干径≤35cm	胸径≤35cm/干径≤40cm	胸径≤40cm/干径≤45cm	胸径≤45cm/干径≤50cm	胸径≤50cm/干径≤55cm
名称			单位	消耗量				
人工	合计工日		工日	—	—	—	—	—
	其中	普工	工日	—	—	—	—	—
		一般技工	工日	—	—	—	—	—
		高级技工	工日	—	—	—	—	—
机械	洒水车 罐容量 8000L		台班	0.453	0.493	0.547	0.591	0.638

工作内容：安装、拆除胶管，运水，浇水，堵水等。

计量单位：10 株 · 年

定额编号				1-636	1-637	1-638	1-639
项目				带土球乔木洒水车浇水			
				胸径≤6cm/干径≤8cm	胸径≤8cm/干径≤10cm	胸径≤10cm/干径≤12cm	胸径≤14cm/干径≤16cm
名称			单位	消耗量			
人工	合计工日		工日	—	—	—	—
	其中	普工	工日	—	—	—	—
		一般技工	工日	—	—	—	—
		高级技工	工日	—	—	—	—
机械	洒水车 罐容量 8000L		台班	0.091	0.114	0.189	0.234

工作内容：安装、拆除胶管，运水，浇水，堵水等。　　**计量单位**：10 株·年

定额编号				1-640	1-641	1-642	1-643
项目				带土球乔木洒水车浇水			
				胸径≤16cm/干径≤18cm	胸径≤20cm/干径≤24cm	胸径≤24cm/干径≤28cm	胸径≤28cm/干径≤32cm
名称			单位	消耗量			
人工	合计工日		工日	—	—	—	—
	其中	普工	工日	—	—	—	—
		一般技工	工日	—	—	—	—
		高级技工	工日	—	—	—	—
机械	洒水车 罐容量 8000L		台班	0.375	0.468	0.650	0.746

工作内容：安装、拆除胶管，运水，浇水，堵水等。　　**计量单位**：10 株·年

定额编号				1-644	1-645	1-646	1-647	1-648
项目				带土球乔木洒水车浇水				
				胸径≤32cm/干径≤35cm	胸径≤35cm/干径≤40cm	胸径≤40cm/干径≤45cm	胸径≤45cm/干径≤50cm	胸径≤50cm/干径≤55cm
名称			单位	消耗量				
人工	合计工日		工日	—	—	—	—	—
	其中	普工	工日	—	—	—	—	—
		一般技工	工日	—	—	—	—	—
		高级技工	工日	—	—	—	—	—
机械	洒水车 罐容量 8000L		台班	0.842	0.938	1.079	1.187	1.306

工作内容:安装、拆除胶管,运水,浇水,堵水等。 计量单位:10株·年

定额编号				1-649	1-650	1-651	1-652
项目				裸根灌木洒水车浇水			
				冠幅(m)			
				≤1	≤1.5	≤2	≤2.5
名称			单位	消耗量			
人工	合计工日		工日	—	—	—	—
	其中	普工	工日	—	—	—	—
		一般技工	工日	—	—	—	—
		高级技工	工日	—	—	—	—
机械	洒水车 罐容量8000L		台班	0.108	0.112	0.128	0.137

工作内容:安装、拆除胶管,运水,浇水,堵水等。 计量单位:10株·年

定额编号				1-653	1-654	1-655	1-656
项目				带土球灌木洒水车浇水			
				冠幅(m)			
				≤1	≤1.5	≤2	≤2.5
名称			单位	消耗量			
人工	合计工日		工日	—	—	—	—
	其中	普工	工日	—	—	—	—
		一般技工	工日	—	—	—	—
		高级技工	工日	—	—	—	—
机械	洒水车 罐容量8000L		台班	0.090	0.093	0.100	0.114

工作内容：安装、拆除胶管，运水，浇水，堵水等。　　　　**计量单位**：$100m^2$ · 年

定额编号				1-657	1-658	1-659	1-660
项目				片植灌木洒水车浇水			
				高度(m)			
				≤0.8	≤1.2	≤1.5	≤2
名称			单位	消耗量			
人工	合计工日		工日	—	—	—	—
	其中	普工	工日	—	—	—	—
		一般技工	工日	—	—	—	—
		高级技工	工日	—	—	—	—
机械	洒水车 罐容量 8000L		台班	0.500	0.550	0.900	1.200

工作内容：安装、拆除胶管，运水，浇水，堵水等。　　　　**计量单位**：10m · 年

定额编号				1-661	1-662	1-663
项目				单排绿篱洒水车浇水		
				高度(m)		
				≤1	≤1.5	≤2
名称			单位	消耗量		
人工	合计工日		工日	—	—	—
	其中	普工	工日	—	—	—
		一般技工	工日	—	—	—
		高级技工	工日	—	—	—
机械	洒水车 罐容量 8000L		台班	0.039	0.042	0.069

工作内容:安装、拆除胶管,运水,浇水,堵水等。 **计量单位**:10m·年

定额编号				1-664	1-665	1-666
项目				双排绿篱洒水车浇水		
				高度(m)		
				≤1	≤1.5	≤2
名称			单位	消耗量		
人工	合计工日		工日	—	—	—
	其中	普工	工日	—	—	—
		一般技工	工日	—	—	—
		高级技工	工日	—	—	—
机械	洒水车 罐容量 8000L		台班	0.047	0.058	0.093

工作内容:安装、拆除胶管,运水,浇水,堵水等。 **计量单位**:10 丛·年

定额编号				1-667	1-668	1-669
项目				丛生竹洒水车浇水		
				根盘丛径(cm)		
				≤50	≤70	≤80
名称			单位	消耗量		
人工	合计工日		工日	—	—	—
	其中	普工	工日	—	—	—
		一般技工	工日	—	—	—
		高级技工	工日	—	—	—
机械	洒水车 罐容量 8000L		台班	0.083	0.170	0.210

工作内容：安装、拆除胶管，运水，浇水，堵水等。 计量单位：10 株·年

定额编号				1-670	1-671	1-672
项目				散生竹洒水车浇水		
				胸径(cm)		
				≤4	≤8	≤10
名称			单位	消耗量		
人工	合计工日		工日	—	—	—
	其中	普工	工日	—	—	—
		一般技工	工日	—	—	—
		高级技工	工日	—	—	—
机械	洒水车 罐容量 8000L		台班	0.093	0.144	0.189

工作内容：安装、拆除胶管，运水，浇水，堵水等。 计量单位：10 株·年

定额编号				1-673	1-674	1-675	1-676
项目				攀缘植物洒水车浇水			
				地径(cm)			
				≤2	≤3	≤4	≤5
名称			单位	消耗量			
人工	合计工日		工日	—	—	—	—
	其中	普工	工日	—	—	—	—
		一般技工	工日	—	—	—	—
		高级技工	工日	—	—	—	—
机械	洒水车 罐容量 8000L		台班	0.038	0.046	0.056	0.093

工作内容：安装、拆除胶管，运水，浇水，堵水等。　　**计量单位**：$100m^2$·年

定额编号				1-677	1-678
项目				洒水车浇水	
				草坪，球根、块根、宿根类花卉	草本花卉
名称			单位	消耗量	
人工	合计工日		工日	—	—
	其中	普工	工日	—	—
		一般技工	工日	—	—
		高级技工	工日	—	—
机械	洒水车 罐容量8000L		台班	0.180	0.280

工作内容：安装、拆除胶管，运水，浇水，堵水等。　　**计量单位**：$10m^3$

定额编号				1-679	1-680	1-681	1-682
项目				洒水车浇水			
				灌容量(L)			
				8000	15000	20000	30000
名称			单位	消耗量			
人工	合计工日		工日	—	—	—	—
	其中	普工	工日	—	—	—	—
		一般技工	工日	—	—	—	—
		高级技工	工日	—	—	—	—
机械	洒水车		台班	0.250	0.167	0.150	0.134

第二章　园路、园桥工程

说　　明

一、本章包括园路，园桥，树池，台阶，驳岸、护岸共五节。

二、园路按结构类型分承载（走机动车）与非承载（不走机动车），非承载园路执行本章定额项目，承载园路执行《市政工程消耗量定额》ZYA 1－31－2015 相应定额项目。

三、卵石面层：

1. 卵石面层按卵石平面平铺考虑，采用露面铺及立面铺时，人工乘以系数 1.2。

2. 卵石粒径以 40～60mm 考虑，设计规格不同时，材料规格和用量可换算，其他不变。

3. 卵石地面用卵石做人物、花鸟、几何等图案的，按拼花定额项目执行。

4. 卵石拼花指用满铺卵石拼花，分色拼花时，人工乘以系数 1.2。

5. 满铺卵石地面中用砖、瓦片、瓷片等其他材料拼花时，执行相应定额项目，人工乘以系数 1.2。

四、石质块料面层：

1. 石质块料面层当在坡道（8%＜坡度≤18%）铺贴时，垫层和面层按平道定额项目执行，人工乘以系数 1.18。

2. 石质块料零星项目面层适用于台阶的牵边、蹲台、池槽，以及面积在 0.5m^2 以内且未列定额项目的工程。

3. 石质块料面层按厚度 100mm 以内材料考虑，厚度大于 100mm 时，按施工组织设计另行计算。

五、其他材料面层：

1. 嵌草路面中的回填土、草皮种植执行第一章相应定额项目。

2. “人字纹”“席纹”铺砖地面执行“拐子锦”定额项目，“龟背锦”铺砖地面执行“八方锦”定额项目。拐子锦、八方锦如下图所示：

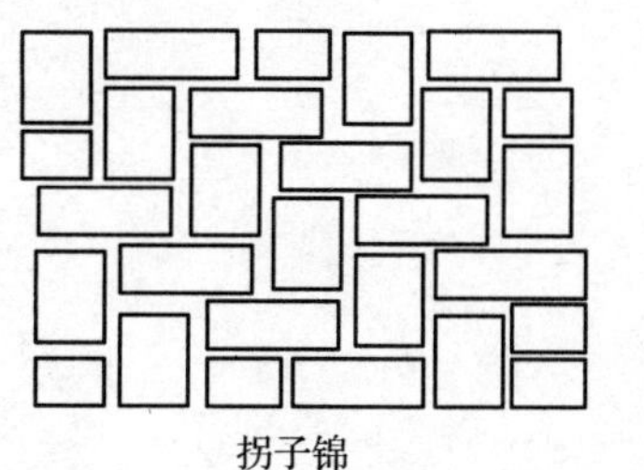
拐子锦

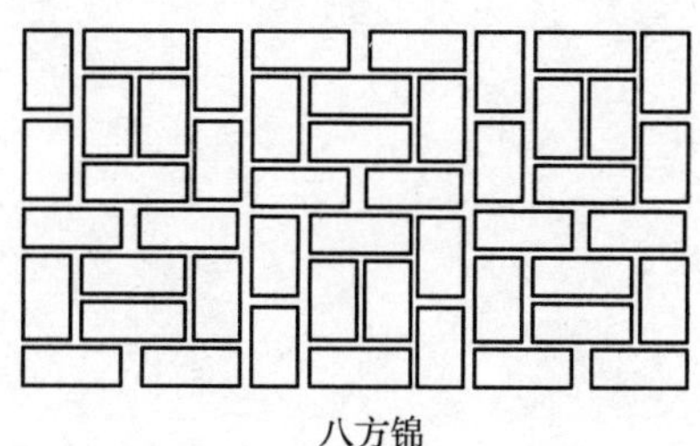
八方锦

六、混凝土面层：

1. 现浇透水混凝土路面定额项目按现场搅拌混凝土考虑。

2. 预制混凝土方形块料按长×宽≤600mm×600mm，预制混凝土大块块料按长×宽＞600mm×600mm。

七、侧（平、缘）石安砌按直线、弧线综合考虑。

八、树池填充厚度按 100mm 考虑，设计厚度不同时材料消耗量可以换算。

九、园桥指园林内供游人通行的步桥。本定额按混凝土桥、石桥、木桥编制。

十、石桥檐板、石望柱、石栏板、地伏石、抱鼓石：

1. 本定额均为简式成品安装。如为现场加工制作，执行其他专业相应定额项目。

2. 本定额安装按平直考虑，实际施工中如遇斜面且坡度大于 30%，人工乘以系数 1.1。

十一、木望柱、木栏板制安按简易型平直考虑，如遇斜式时，人工乘以系数 1.1。

十二、木质构件刷油漆，钢构件制作、安装，铁件制作、安装，螺栓安装等执行《房屋建筑与装饰工程消耗量定额》TY 01－31－2015 相应定额项目。

十三、带山石挡土墙的山石(自然石)台阶,山石(自然石)台阶执行本章相应定额项目。山石挡土墙执行《房屋建筑与装饰工程消耗量定额》TY 01 - 31 - 2015 相应定额项目。

十四、驳岸、护岸:

1. 自然式护岸指满铺卵石或自然石的护岸,点布大块石护岸套用自然式驳岸定额项目。

2. 预制混凝土框格护岸定额项目按成品考虑。

3. 生态袋护岸定额项目按成品考虑,发生现场装袋,装袋费用另行计算;实际使用生态袋规格尺寸与定额项目不同时,可调整生态袋消耗量,其他不变。

工程量计算规则

一、土基路床整理按设计图示尺寸以面积计算。

二、垫层、找平层：

1. 垫层按设计图示尺寸，另计两侧加宽值乘以厚度以体积计算，加宽值按设计规定计算。设计未明确加宽值的，按两侧各加宽50mm计算。

2. 找平层按设计图示尺寸以面积计算。

三、卵石面层按设计图示尺寸以面积计算。

四、石质块料面层及其他材料面层：

1. 面层按设计图示尺寸以面积计算。园路如有坡度，工程量以斜面积计算。园路面积应扣除面积大于0.5m^2的树池、花池、照壁、底座所占面积。坡道园路带踏步者，其踏步部分应扣除并另按台阶相应定额项目计算。

2. 嵌草砖铺装按设计图示尺寸以面积计算，不扣除漏空部分的面积。

3. 陶瓷片拼花、拼字，按其外接矩形面积计算。

4. 料石汀步及预制混凝土汀步按设计图示尺寸以体积计算。

五、现浇混凝土模板除另有规定外，按混凝土与模板接触面积计算。

六、侧(平、缘)石铺设按设计图示尺寸以延长米计算。侧(平、缘)石铺设如有坡度时，工程量以斜长计算。

七、园桥：

1. 园桥基础、桥台、桥墩、护坡分别按设计图示尺寸以体积计算。

2. 现浇混凝土梁、桥洞底板、砖砌拱券、石拱券、石券脸等，按设计图示尺寸以体积计算。

3. 挂贴券脸石面按设计图示尺寸以面积计算。

4. 桥面石铺贴按设计图示尺寸以面积计算。

5. 石桥檐板安装按设计图示尺寸以面积计算。

6. 型钢铁锔安装、铸铁银锭安装按设计安装数量以“个”计算。

7. 石望柱安装分不同的石望柱高度以“根”计算，石栏板安装按设计图示尺寸以面积计算。

8. 地伏石安装按设计图示尺寸以延长米计算，抱鼓石安装按设计图示尺寸以面积计算。

9. 园桥现浇毛石混凝土、混凝土构件模板，均按模板与混凝土的接触面积计算。

10. 木梁制作、安装按设计图示尺寸分不同的截面尺寸以体积计算。木龙骨按设计图示尺寸以面积计算，如施工图设计与定额项目所列木龙骨截面尺寸不同，防腐木消耗量可以调整，其他不变。

11. 木质面板制作、安装按设计图示尺寸以面积计算，木桥挂檐板按设计图示尺寸以外围面积计算。

12. 木望柱制作、安装按设计图示尺寸以体积计算；木栏板制作、安装按设计图示尺寸以面积计算，不扣除漏空部分。

13. 木台阶制作、安装按设计图示尺寸以水平投影面积计算。

八、树池：

1. 围牙按设计图示尺寸以延长米计算。

2. 盖板(复合材料、铸铁)按设计图示以“套”计算，填充按设计图示尺寸以树池内框面积计算。

九、台阶：

1. 料石台阶、山石(自然石)台阶、混凝土台阶按设计图示尺寸以水平投影面积计算。

2. 标准砖台阶按设计图示尺寸以体积计算。

3. 台阶面层按设计图示尺寸以台阶(包括最上层踏步边沿加300mm)水平投影面积计算。

4. 混凝土台阶模板不包括梯带，按设计图示尺寸以水平投影面积计算，台阶端头两侧不另行计算模板面积。

十、驳岸、护岸：

1. 原木桩驳岸按设计图示尺寸桩长(包括桩尖)乘以截面积以体积计算。

2. 自然式驳岸、自然式护岸、池底散铺卵石按实际使用石料数量以质量计算。

3. 生态袋护岸按设计图示尺寸以体积计算。

4. 预制混凝土框格护岸按设计图示尺寸以面积计算。

一、园　　路

1. 土基路床整理

工作内容:1. 标高在 ±30cm 以内的找平等。
2. 打夯、平整等。
3. 放样、人工挖高填低、找平、碾压、检验、人工配合处理机械碾压不到之处等。

计量单位:$100m^2$

定额编号				2-1	2-2	2-3	2-4
项目				平整场地	原土夯实		路床整形碾压
					人工	机械	
名称			单位	消耗量			
人工	合计工日		工日	1.701	1.239	0.941	1.642
	其中	普工	工日	1.701	1.239	0.941	1.642
		一般技工	工日	—	—	—	—
		高级技工	工日	—	—	—	—
机械	电动夯实机 夯实能力 20 ~ 62kN · m		台班	—	—	0.502	—
	光轮压路机(内燃)工作质量 12t		台班	—	—	—	0.027

2. 垫层、找平层

工作内容:1. 灰土垫层:基层清理、场内运输、筛土、浇水、拌和、摊铺、找平、振实等。
2. 砂垫层、砂石垫层:基层清理、场内运输、浇水、摊铺、找平、振实等。

计量单位:$10m^3$

定额编号				2-5	2-6	2-7	2-8
项目				灰土垫层	砂垫层	砂石垫层	
						人工级配	天然级配
名称			单位	消耗量			
人工	合计工日		工日	5.544	3.278	5.650	4.714
	其中	普工	工日	2.772	1.639	2.825	2.357
		一般技工	工日	2.772	1.639	2.825	2.357
		高级技工	工日	—	—	—	—
材料	灰土 3:7		m^3	10.200	—	—	—
	中砂		m^3	—	11.530	4.835	—
	砾石 15		m^3	—	—	9.017	—
	砂砾 5 ~ 80		m^3	—	—	—	12.240
	水		m^3	2.000	3.000	3.000	2.500
机械	电动夯实机 夯实能力 20 ~ 62kN · m		台班	0.440	0.160	0.240	0.240

工作内容:1. 干铺:基层清理、场内运输、浇水、摊铺、找平、振实等。

2. 灌浆:基层清理、场内运输、浇水、摊铺、调配砂浆、灌缝、找平、振实等。 **计量单位**:10m³

定额编号				2-9	2-10	2-11	2-12
项目				毛石垫层		碎石垫层	
				干铺	灌浆	干铺	灌浆
名称			单位	消耗量			
人工	合计工日		工日	6.016	8.008	4.728	4.576
	其中	普工	工日	3.008	4.004	2.364	2.288
		一般技工	工日	3.008	4.004	2.364	2.288
		高级技工	工日	—	—	—	—
材料	毛石		m³	12.240	12.240	—	—
	碎石		m³	—	—	11.016	11.016
	中砂		m³	2.720	—	2.872	—
	预拌水泥砂浆		m³	—	2.734	—	2.886
	水		m³	1.000	1.820	1.000	1.866
机械	电动夯实机 夯实能力20~62kN·m		台班	0.290	0.490	0.260	0.260
	干混砂浆罐式搅拌机		台班	—	0.456	—	0.481

工作内容:1. 干铺:基层清理、场内运输、浇水、摊铺、找平、振实等。

2. 水泥石灰拌和、石灰拌和:基层清理、场内运输、浇水、拌和、摊铺、找平、振实等。 **计量单位**:10m³

定额编号				2-13	2-14	2-15
项目				炉(矿)渣垫层		
				干铺	水泥石灰拌和	石灰拌和
名称			单位	消耗量		
人工	合计工日		工日	2.694	9.308	9.308
	其中	普工	工日	1.347	4.654	4.654
		一般技工	工日	1.347	4.654	4.654
		高级技工	工日	—	—	—
材料	炉(矿)渣		m³	12.240	—	—
	水泥石灰炉渣1:1:10		m³	—	10.200	—
	石灰炉(矿)渣1:3		m³	—	—	10.200
	水		m³	2.000	2.000	2.000
机械	电动夯实机 夯实能力20~62kN·m		台班	0.108	0.090	0.090

工作内容:1. 干铺:基层清理、场内运输、浇水、摊铺、找平、振实等。

2. 灌浆:基层清理、场内运输、浇水、摊铺、调配砂浆、灌缝、找平、振实等。　**计量单位**:10m³

定额编号				2-16	2-17
项目				碎砖垫层	
				干铺	灌浆
名称			单位	消耗量	
人工	合计工日		工日	5.494	6.876
	其中	普工	工日	2.747	3.438
		一般技工	工日	2.747	3.438
		高级技工	工日	—	—
材料	碎砖		m^3	13.195	13.195
	预拌水泥砂浆		m^3	—	2.153
	中砂		m^3	2.142	—
	水		m^3	2.000	3.145
机械	电动夯实机 夯实能力20~62kN·m		台班	0.260	0.260
	干混砂浆罐式搅拌机		台班	—	0.359

工作内容:基层清理、场内运输、调配砂浆、摊铺、找平、振实等。

定额编号				2-18	2-19	2-20	2-21
项目				混凝土垫层	水泥砂浆		
					混凝土或硬基层上,厚20mm	填充材料上,厚20mm	每增减1mm
				10m³	100m²		
名称			单位	消耗量			
人工	合计工日		工日	3.888	9.982	12.018	0.246
	其中	普工	工日	1.944	4.991	6.009	0.123
		一般技工	工日	1.944	4.991	6.009	0.123
		高级技工	工日	—	—	—	—
材料	预拌混凝土		m^3	10.200	—	—	—
	预拌水泥砂浆		m^3	—	2.040	2.550	0.102
	塑料薄膜		m^2	47.780	—	—	—
	水		m^3	5.000	4.212	4.365	0.031
	电		kW·h	23.100	—	—	—
机械	干混砂浆罐式搅拌机		台班	—	0.340	0.425	0.017

3. 卵 石 面 层

工作内容：放样、清理基层、场内运输、调配砂浆、铺面层、嵌缝、清理净面等。　　　　**计量单位**：100m²

定额编号				2-22	2-23	2-24
项目				卵石满铺(平面)		素色彩边卵石面
				平铺		
				拼花	不拼花	
名称			单位	消耗量		
人工	合计工日		工日	70.840	56.672	59.507
	其中	普工	工日	21.252	17.002	17.852
		一般技工	工日	28.336	25.502	26.778
		高级技工	工日	21.252	14.168	14.877
材料	本色卵石		t	5.500	7.200	5.800
	彩色卵石		t	1.700	—	1.400
	预拌水泥砂浆		m³	3.600	3.600	3.600
	草酸		kg	1.000	1.000	1.000
	水		m³	6.080	6.080	6.080
机械	干混砂浆罐式搅拌机		台班	0.600	0.600	0.600

4. 石质块料面层

工作内容:1. 石质块料,板厚度≤50mm,浆铺:放样、清理基层、场内运输、调配砂浆、刷素水泥浆、锯板磨边、铺贴块料、勾缝(不勾缝除外)、清理净面等。

2. 石质块料,板厚度≤100mm,砂铺:放样、清理基层、场内运输、铺砂、铺贴块料、清理净面等。

3. 石质块料,板厚度≤100mm,浆铺:放样、清理基层、场内运输、调配砂浆、锯板磨边、铺贴块料、清理净面等。

计量单位:100m²

定额编号				2-25	2-26	2-27	2-28
项目				石质块料			
				板厚度≤50mm		板厚度≤100mm	
				浆铺(勾缝)	浆铺(不勾缝)	砂铺	浆铺(不勾缝)
名称			单位	消耗量			
人工	合计工日		工日	28.027	23.827	30.900	34.331
	其中	普工	工日	8.408	7.148	9.270	10.299
		一般技工	工日	12.612	10.722	13.905	15.449
		高级技工	工日	7.007	5.957	7.725	8.583
材料	石质块料		m^2	98.000	102.000	102.000	102.000
	中砂		m^3	—	—	8.000	—
	预拌水泥砂浆		m^3	2.040	2.040	—	2.040
	胶粘剂 DTA 砂浆		m^3	0.100	—	—	—
	白色硅酸盐水泥 32.5		kg	10.200	—	—	—
	石料切割锯片		片	0.615	0.615	0.615	0.615
	棉纱头		kg	1.000	1.000	—	1.000
	锯木屑		m^3	0.600	0.600	—	0.600
	水		m^3	2.912	2.912	0.700	3.212
	电		kW·h	11.070	11.070	11.070	11.070
机械	干混砂浆罐式搅拌机		台班	0.340	0.340	—	0.340

工作内容:放样、清理基层、场内运输、调配砂浆、铺贴块料、清理净面等。 **计量单位**:100m²

定额编号				2-29	2-30	2-31
项目				乱铺冰片石	石质块料	
					拼花	碎拼
名称			单位	消耗量		
人工	合计工日		工日	41.031	34.844	32.949
	其中	普工	工日	12.309	10.453	9.885
		一般技工	工日	16.413	13.938	14.827
		高级技工	工日	12.309	10.453	8.237
材料	冰片石		m^2	104.000	—	—
	石质块料		m^2	—	104.000	104.000
	预拌水泥砂浆		m^3	2.040	2.040	2.040
	胶粘剂 DTA 砂浆		m^3	0.100	0.100	0.100
	白色硅酸盐水泥 32.5		kg	10.300	10.300	10.300
	石料切割锯片		片	0.615	—	0.615
	棉纱头		kg	2.000	1.000	1.000
	锯木屑		m^3	0.600	0.600	0.600
	水		m^3	2.912	2.912	2.912
	电		kW·h	11.070	—	11.070
机械	干混砂浆罐式搅拌机		台班	0.340	0.340	0.340

工作内容：1. 平面(立面)粘贴：放样、清理基层、场内运输、调配砂浆、锯板磨边、铺贴块料、清理净面等。

2. 立面挂贴：放样、清理基层、场内运输、刷浆、安铁件、制作安装钢筋、焊接固定，砂浆打底、铺抹结合层、安挂件(螺栓)；选料、钻孔开槽、穿丝固定，调配砂浆，挂贴块料、清理净面等。

3. 立面碎拼：放样、清理基层、场内运输、调配砂浆、铺贴块料、清理净面等。

计量单位：$100m^2$

定额编号				2-32	2-33	2-34	2-35
项目				零星装饰项目			
				平面(粘贴)	立面		
					粘贴	挂贴	碎拼
名称			单位	消耗量			
人工	合计工日		工日	47.345	52.620	67.807	63.683
	其中	普工	工日	14.204	15.786	20.342	19.105
		一般技工	工日	21.305	23.679	30.513	28.657
		高级技工	工日	11.836	13.155	16.952	15.921
材料	石质块料		m^2	106.000	106.000	106.000	106.000
	预拌水泥砂浆		m^3	2.040	2.078	4.004	1.362
	胶粘剂 DTA 砂浆		m^3	0.110	—	—	—
	水泥石膏砂浆 1:0.2:2.5		m^3	—	—	—	1.248
	白色硅酸盐水泥 32.5		kg	11.220	17.510	15.965	—
	膨胀螺栓 M8×80		套	—	—	612.000	—
	热轧圆盘条 ϕ10 以内		kg	—	—	148.400	—
	铜丝		kg	—	—	0.935	—
	锡纸		kg	—	0.699	5.250	0.315
	硬白蜡		kg	—	3.087	4.095	5.250
	YJ-Ⅲ黏结剂		kg	—	46.620	—	—
	石料切割锯片		片	1.520	1.530	1.530	1.530
	棉纱头		kg	1.000	1.166	1.313	1.050
	锯木屑		m^3	0.600	—	—	—
	草酸		kg	—	1.166	1.250	3.150
	水		m^3	3.212	1.624	2.742	1.373
	电		kW·h	27.000	27.000	27.000	27.000
机械	干混砂浆罐式搅拌机		台班	0.420	0.346	0.667	0.227

5. 其他材料面层

工作内容：1. 洗米石：放样、清理基层、场内运输、调配砂浆、座浆、铺面层、灌缝、刷石、撤石、抹平、压实、清理净面等。

2. 嵌草砖砂铺：放样、清理基层、场内运输、选砖、砍砖、清洗砖、铺砂、铺面层、拍平、压实、清理净面等。

计量单位：100m^2

定额编号				2-36	2-37	2-38
项目				洗米石		嵌草砖砂铺
				平面	立面	
				厚30mm		
名称			单位	消耗量		
人工	合计工日		工日	39.700	47.640	15.140
	其中	普工	工日	11.910	14.292	4.542
		一般技工	工日	17.865	21.438	6.813
		高级技工	工日	9.925	11.910	3.785
材料	洗米石 3~5		kg	4725.000	4725.000	—
	嵌草砖 厚度60~80		m^2	—	—	102.000
	中砂		m^3	—	—	3.090
	建筑胶素白水泥浆		m^3	0.150	0.150	—
	白色硅酸盐水泥 32.5		kg	2010.000	2010.000	—
	草酸		kg	0.100	0.100	—
	水		m^3	5.000	5.000	—

工作内容:1. 砂铺:放样、清理基层、场内运输、选砖、砍砖、清洗砖、铺砂、铺面层、拍平、压实、清理净面等。

2. 浆铺:放样、清理基层、场内运输、选砖、砍砖、清洗砖、调配砂浆、铺面层、拍平、压实、清理净面等。

计量单位:100m²

定额编号				2-39	2-40	2-41	2-42
项目				八五小青瓦侧铺		八五小青瓦平铺	
				砂铺	浆铺	砂铺	浆铺
名称			单位	消耗量			
人工	合计工日		工日	14.753	18.011	8.637	10.060
	其中	普工	工日	4.426	5.403	2.591	3.018
		一般技工	工日	6.639	8.105	3.887	4.527
		高级技工	工日	3.688	4.503	2.159	2.515
材料	八五小青砖 220×105×42		100块	115.000	115.000	45.000	45.000
	粗砂		m³	3.090	—	3.090	—
	预拌水泥砂浆		m³	—	3.060	—	3.060
	水		m³	0.700	1.620	0.700	1.620
机械	干混砂浆罐式搅拌机		台班	—	0.510	—	0.510

工作内容:1. 砂铺:放样、清理基层、场内运输、选砖、砍砖、清洗砖、铺砂、铺面层、拍平、压实、清理净面等。

2. 浆铺:放样、清理基层、场内运输、选砖、砍砖、清洗砖、调配砂浆、铺面层、拍平、压实、清理净面等。

计量单位:100m²

定额编号				2-43	2-44	2-45	2-46
项目				标准砖平铺			
				八方锦		拐子锦	
				砂铺	浆铺	砂铺	浆铺
名称			单位	消耗量			
人工	合计工日		工日	10.891	12.988	11.871	14.263
	其中	普工	工日	3.267	3.896	3.561	4.279
		一般技工	工日	4.901	5.845	5.342	6.418
		高级技工	工日	2.723	3.247	2.968	3.566
材料	标准砖 240×115×53		千块	3.401	3.401	3.401	3.401
	粗砂		m³	3.090	—	3.090	—
	预拌水泥砂浆		m³	—	3.060	—	3.060
	水		m³	0.700	1.620	0.700	1.620
机械	干混砂浆罐式搅拌机		台班	—	0.510	—	0.510

工作内容：1. 透水砖砂铺：放样、清理基层、场内运输、选砖、砍砖、清洗砖、铺砂、铺面层、拍平、压实、清理净面等。
2. 彩色透水石路面：放样、清理基层、场内运输、铺面层、嵌缝、清理净面等。

计量单位：100m^2

定额编号				2-47	2-48	2-49
项目				透水砖砂铺	彩色透水石路面	
					厚20mm	厚30mm
名称			单位	消耗量		
人工	合计工日		工日	9.180	8.000	8.400
	其中	普工	工日	2.754	2.400	2.520
		一般技工	工日	4.131	3.600	3.780
		高级技工	工日	2.295	2.000	2.100
材料	透水砖 200×100×60		m^2	102.000	—	—
	粗砂		m^3	3.090	—	—
	环氧树脂		kg	—	280.000	420.000
	天然石屑		t	—	4.500	6.750
	塑料薄膜		m^2	—	115.000	115.000
	水		m^3	0.700	—	—

工作内容：1. 放样、清理基层、场内运输、铺砂、铺面层、嵌缝、清理净面等。
2. 放样、清理基层、场内运输、清洗瓷片、调配砂浆、铺面层、嵌缝、清理净面等。

计量单位：100m^2

定额编号				2-50	2-51
项目				瓦片(侧铺)	陶瓷片拼花、拼字
名称			单位	消耗量	
人工	合计工日		工日	81.791	58.353
	其中	普工	工日	24.537	17.506
		一般技工	工日	36.806	23.341
		高级技工	工日	20.448	17.506
材料	蝴蝶瓦(盖)180×180×13		100块	239.200	—
	陶瓷片		m^2	—	105.000
	中砂		m^3	7.100	—
	预拌水泥砂浆		m^3	—	4.060
	白水泥膏		m^3	—	0.100
	水		m^3	—	2.918
机械	干混砂浆罐式搅拌机		台班	—	0.677

工作内容:1. 砂铺:放样、清理基层、场内运输、铺砂、铺面层、嵌缝、清理净面等。
2. 浆铺:放样、清理基层、场内运输、调配砂浆、铺面层、清理净面等。　**计量单位**:100m²

定额编号				2-52	2-53	2-54	2-55
项目				六角块		小方料石	
				砂铺	浆铺	砂铺	浆铺
名称			单位	消耗量			
人工	合计工日		工日	17.511	21.920	21.780	26.791
	其中	普工	工日	5.253	6.576	6.534	8.037
		一般技工	工日	7.880	9.864	9.801	12.056
		高级技工	工日	4.378	5.480	5.445	6.698
材料	六角板		m^2	102.000	102.000	—	—
	小方料石		m^2	—	—	109.000	109.000
	中砂		m^3	3.090	—	14.200	—
	预拌水泥砂浆		m^3	—	3.060	—	4.000
	水		m^3	0.600	2.618	0.600	1.200
机械	干混砂浆罐式搅拌机		台班	—	0.510	—	0.667

工作内容:放样、清理基层、场内运输、调配砂浆、铺面层、清理净面等。　**计量单位**:10m³

定额编号				2-56	2-57
项目				料石汀步	混凝土汀步
名称			单位	消耗量	
人工	合计工日		工日	11.940	12.000
	其中	普工	工日	3.582	3.600
		一般技工	工日	5.373	5.400
		高级技工	工日	2.985	3.000
材料	料石		m^3	10.100	—
	预制混凝土块		m^3	—	10.100
	预拌水泥砂浆		m^3	0.800	1.600
	水		m^3	0.240	0.480
机械	干混砂浆罐式搅拌机		台班	0.133	0.267

6. 混凝土面层

(1) 现浇混凝土面层

工作内容：放样、清理基层、场内运输、浇筑、振捣夯实、整平、嵌缝、养护、清理场地等。

计量单位：$100m^2$

定额编号				2-58	2-59
项目				现浇混凝土面层	
				厚120mm	每增减10mm
名称			单位	消耗量	
人工	合计工日		工日	12.290	0.313
	其中	普工	工日	3.686	0.094
		一般技工	工日	5.531	0.141
		高级技工	工日	3.073	0.078
材料	预拌混凝土		m^3	12.240	1.020
	石料切割锯片		片	0.050	—
	塑料薄膜		m^2	115.000	—
	水		m^3	14.000	1.200
	电		kW·h	2.800	0.230
机械	混凝土切缝机		台班	0.375	—

(2)现浇透水混凝土面层

工作内容:放样、清理基层、拌和、场内运输、人工入模摊铺、振捣夯实、整平、养护、切伸缩缝及嵌缝、喷保护剂、清理场地等。

计量单位:100m²

定额编号				2-60	2-61	2-62	2-63
项目				透水混凝土面层		透水彩色混凝土面层	
				厚 50mm	每增减 10mm	厚 30mm	每增加 10mm
名称			单位	消耗量			
人工	合计工日		工日	10.973	0.883	15.503	2.982
	其中	普工	工日	3.292	0.265	4.651	0.895
		一般技工	工日	4.938	0.397	6.976	1.342
		高级技工	工日	2.743	0.221	3.876	0.745
材料	普通硅酸盐水泥 P·O 42.5		kg	1921.000	376.670	1152.600	384.200
	碎石 10		kg	9698.320	1939.700	5819.000	1939.670
	增强剂(LDA)		kg	17.840	9.688	29.060	9.688
	无机颜料		kg	—	—	34.578	11.526
	PG 道路嵌缝胶		kg	9.760	—	9.760	—
	氟碳保护剂		kg	30.000	—	30.000	—
	塑料薄膜		m²	115.000	—	115.000	—
	土工布		m²	20.000	—	20.000	—
	泡沫条 $\phi8$		m	30.600	—	30.000	—
	石料切割锯片		片	0.050	—	0.050	—
	水		m³	4.450	0.090	4.270	1.423
	电		kW·h	0.400	0.132	0.400	0.132
机械	机动翻斗车 装载质量 1t		台班	0.403	0.081	0.240	0.081
	混凝土切缝机		台班	0.375	—	0.375	—
	双锥反转出料混凝土搅拌机 出料容量 500L		台班	0.167	0.033	0.100	0.033
	电动空气压缩机 排气量 0.6m³/min		台班	—	—	0.030	0.010

(3)现浇混凝土面层模板及压模面层

工作内容：1. 场内运输，模板制作、安装，涂脱模剂，模板拆除、修理、整堆等。
2. 放样、清理基层、场内运输、铺面层、拍平、压实、清理净面等。

计量单位：$100m^2$

定额编号				2-64	2-65
项目				现浇混凝土面层模板	彩色压模艺术地坪面层 厚4mm（混凝土面层上）
名称			单位	消耗量	
人工	合计工日		工日	12.621	15.200
	其中	普工	工日	3.787	4.560
		一般技工	工日	5.679	6.840
		高级技工	工日	3.155	3.800
材料	复合模板		m^2	24.675	—
	松杂板枋材		m^3	0.722	—
	彩色强化剂		kg	—	420.000
	预拌水泥砂浆		m^3	0.012	—
	钢筋（综合）		kg	86.518	—
	圆钉（综合）		kg	1.837	—
	隔离剂		kg	10.000	—
	镀锌铁丝 8#～12#		kg	0.180	—
	水		m^3	—	0.150
机械	木工圆锯机 直径500mm		台班	0.037	—
	干混砂浆罐式搅拌机		台班	0.002	—

(4)混凝土块料铺装

工作内容:1. 砂铺:放样、清理基层、场内运输、铺砂、铺面层、嵌缝、清理净面等。

2. 浆铺:放样、清理基层、场内运输、调配砂浆、铺面层、清理净面等。　　**计量单位:**$100m^2$

定额编号			2-66	2-67	2-68	2-69
项目			方形块料		异型块料	
			砂铺	浆铺	砂铺	浆铺
名称		单位	消耗量			
人工	合计工日	工日	14.200	17.376	15.558	19.090
人工	其中 普工	工日	4.260	5.213	4.667	5.727
人工	其中 一般技工	工日	6.390	7.819	7.001	8.591
人工	其中 高级技工	工日	3.550	4.344	3.890	4.772
材料	预制混凝土方形块料	m^2	102.000	102.000	—	—
材料	预制混凝土异型块料	m^2	—	—	102.000	102.000
材料	中砂	m^3	5.770	—	5.770	—
材料	预拌水泥砂浆	m^3	—	3.080	—	3.080
材料	水	m^3	0.700	1.624	0.700	1.624
机械	干混砂浆罐式搅拌机	台班	—	0.513	—	0.513

工作内容:1. 砂铺:放样、清理基层、场内运输、铺砂、铺面层、嵌缝、清理净面等。

2. 浆铺:放样、清理基层、场内运输、调配砂浆、铺面层、清理净面等。　　**计量单位:**$100m^2$

定额编号			2-70	2-71	2-72	2-73
项目			大块块料		假冰片	
			砂铺	浆铺	砂铺	浆铺
名称		单位	消耗量			
人工	合计工日	工日	20.990	26.152	20.738	25.822
人工	其中 普工	工日	6.297	7.846	6.221	7.747
人工	其中 一般技工	工日	9.446	11.768	9.332	11.620
人工	其中 高级技工	工日	5.247	6.538	5.185	6.455
材料	预制混凝土大块块料	m^2	102.000	102.000	—	—
材料	预制混凝土假冰片	m^2	—	—	102.000	102.000
材料	中砂	m^3	5.770	—	5.770	—
材料	预拌水泥砂浆	m^3	—	3.080	—	3.080
材料	水	m^3	0.700	1.624	0.700	1.624
机械	干混砂浆罐式搅拌机	台班	—	0.513	—	0.513

7. 侧(平、缘)石安砌

(1)侧缘石安砌

工作内容:放样、开槽、场内运输、调配砂浆、安砌、勾缝、养护、清理等。 **计量单位:**100m

定额编号				2-74	2-75	2-76	2-77
项目				砖缘石(侧铺)		砖缘石(立铺)	
				单砖	双砖	单砖	双砖
名称			单位	消耗量			
人工	合计工日		工日	0.919	1.560	1.831	3.105
	其中	普工	工日	0.395	0.671	0.787	1.335
		一般技工	工日	0.524	0.889	1.044	1.770
		高级技工	工日	—	—	—	—
材料	预拌水泥砂浆		m^3	0.020	0.160	0.100	0.450
	标准砖 240×115×53		千块	0.402	0.804	0.804	1.650
	水		m^3	0.006	0.048	0.030	0.135
	其他材料费		%	1.500	1.500	1.500	1.500
机械	干混砂浆罐式搅拌机		台班	0.003	0.027	0.017	0.075

工作内容:放样、开槽、场内运输、调配砂浆、安砌、勾缝、养护、清理等。 **计量单位:**100m

定额编号				2-78	2-79	2-80	2-81
项目				侧石		缘石	
				混凝土	石质	混凝土	石质
名称			单位	消耗量			
人工	合计工日		工日	4.775	6.421	2.525	3.457
	其中	普工	工日	2.053	2.761	1.086	1.487
		一般技工	工日	2.722	3.660	1.439	1.970
		高级技工	工日	—	—	—	—
材料	混凝土立缘石		m	101.000	—	—	—
	石质立缘石 350×150		m	—	101.000	—	—
	混凝土缘石		m	—	—	101.000	—
	石质缘石 300×150		m	—	—	—	101.000
	预拌水泥砂浆		m^3	0.050	0.050	0.010	0.010
	石灰砂浆		m^3	0.824	0.820	0.620	0.620
	水		m^3	0.015	0.015	0.003	0.003
	其他材料费		%	1.500	1.500	1.500	1.500
机械	干混砂浆罐式搅拌机		台班	0.008	0.008	0.002	0.002

(2)侧平石安砌

工作内容:放样、开槽、场内运输、调配砂浆、安砌、勾缝(不勾缝除外)、养护、清理等。　**计量单位:**100m

定额编号				2-82	2-83	2-84	2-85
项目				连接型		分离型	
				勾缝	不勾缝	勾缝	不勾缝
名称			单位	消耗量			
人工	合计工日		工日	10.550	9.680	12.326	10.902
	其中	普工	工日	4.537	4.162	5.300	4.688
		一般技工	工日	6.013	5.518	7.026	6.214
		高级技工	工日	—	—	—	—
材料	混凝土连接型侧平石		m	101.000	101.000	—	—
	混凝土分离型侧平石		m	—	—	101.000	101.000
	预拌水泥砂浆		m^3	0.070	—	0.195	—
	石灰砂浆		m^3	0.310	0.310	0.310	0.310
	水		m^3	0.021	—	0.059	—
	其他材料费		%	1.500	1.500	1.500	1.500
机械	干混砂浆罐式搅拌机		台班	0.065	0.053	0.086	0.053

二、园　　桥

1.基　　础

工作内容:1.毛石基础、条石基础:放样、选石、场内运输、调配砂浆、堆砌、塞垫嵌缝、清理、养护等。

2.现浇毛石混凝土基础、现浇混凝土基础:浇筑、振捣、养护等。

计量单位:$10m^3$

定　额　编　号			2-86	2-87	2-88	2-89
项　　　目			毛石基础	条石基础	现浇毛石混凝土基础	现浇混凝土基础
名　　称		单位	消　耗　量			
人工	合计工日	工日	7.316	8.271	3.883	3.758
人工	其中 普工	工日	1.463	1.654	1.553	1.503
人工	其中 一般技工	工日	5.121	5.790	1.942	1.879
人工	其中 高级技工	工日	0.732	0.827	0.388	0.376
材料	毛石	m^3	11.500	—	2.752	—
材料	条石	m^3	—	10.500	—	—
材料	预拌水泥砂浆	m^3	3.500	2.700	—	—
材料	预拌混凝土	m^3	—	—	8.673	10.100
材料	塑料薄膜	m^2	—	—	12.012	12.590
材料	水	m^3	3.300	3.500	0.930	1.009
材料	电	kW·h	—	—	1.980	2.310
机械	干混砂浆罐式搅拌机	台班	0.583	0.450	—	—

工作内容:场内运输、模板制作、安装、涂脱模剂;模板拆除、修理、整堆等。　**计量单位:**$100m^2$

定　额　编　号			2-90
项　　　目			现浇毛石混凝土、混凝土基础模板
名　　称		单位	消　耗　量
人工	合计工日	工日	18.460
人工	其中 普工	工日	7.380
人工	其中 一般技工	工日	9.230
人工	其中 高级技工	工日	1.850
材料	复合模板	m^2	24.680
材料	板枋材	m^3	0.720
材料	钢支撑	kg	47.540
材料	铁钉	kg	1.790
材料	镀锌铁丝 18#～22#	kg	1.800
材料	脱模剂	kg	10.000
材料	塑料粘胶带 20mm×50m	卷	4.000
机械	木工圆锯机 直径500mm	台班	0.090

2. 桥台、桥墩

工作内容：放样、选石、场内运输、调配砂浆、堆砌、塞垫嵌缝、清理、养护等。 **计量单位**：$10m^3$

定额编号				2-91	2-92
项目				桥台、桥墩	
				毛石	条石
名称			单位	消耗量	
人工	合计工日		工日	10.165	12.232
	其中	普工	工日	2.033	2.446
		一般技工	工日	4.066	4.893
		高级技工	工日	4.066	4.893
材料	毛石		m^3	11.500	—
	条石		m^3	—	10.500
	预拌水泥砂浆		m^3	3.580	2.750
	水		m^3	7.300	7.500
机械	汽车式起重机 提升质量 5t		台班	0.120	0.120
	干混砂浆罐式搅拌机		台班	0.597	0.458

工作内容：1. 浇筑、振捣、养护等。

2. 场内运输，模板制作、安装，涂脱模剂，模板拆除、修理、整堆等。

定额编号				2-93	2-94
项目				现浇混凝土桥台、桥墩	现浇混凝土桥台、桥墩模板
				$10m^3$	$100m^2$
名称			单位	消耗量	
人工	合计工日		工日	4.638	36.280
	其中	普工	工日	1.855	14.510
		一般技工	工日	2.319	18.140
		高级技工	工日	0.464	3.630
材料	预拌混凝土		m^3	10.100	—
	塑料薄膜		m^2	17.388	—
	复合模板		m^2	—	26.680
	板枋材		m^3	—	0.720
	钢支撑		kg	—	47.540
	铁钉		kg	—	1.790
	脱模剂		kg	—	10.000
	镀锌铁丝 18#～22#		kg	—	0.180
	塑料粘胶带 20mm×50m		卷	—	4.000
	水		kg	2.850	—
	电		kW·h	8.076	—
机械	木工圆锯机 直径 500mm		台班	—	0.009

3.梁、板

工作内容:1.浇筑、振捣、养护等。

2.场内运输,模板制作、安装,涂脱模剂,模板拆除、修理、整堆等。

定额编号				2-95	2-96
项目				现浇混凝土	
				单梁	单梁模板
				10m³	100m²
名称			单位	消耗量	
人工	合计工日		工日	3.966	35.840
	其中	普工	工日	1.586	14.330
		一般技工	工日	1.983	17.920
		高级技工	工日	0.397	3.590
材料	预拌混凝土		m³	10.100	—
	板枋材		m³	—	1.940
	塑料薄膜		m²	39.820	—
	铁钉		kg	—	21.300
	脱模剂		kg	—	10.000
	模板嵌缝料		kg	—	5.000
	水		m³	5.492	—
	电		kW·h	4.190	—
机械	木工圆锯机 直径500mm		台班	—	1.290

工作内容:1.桥洞底板:浇筑、振捣、养护等。

2.桥洞底板模板:场内运输,模板制作、安装,涂脱模剂,模板拆除、修理、整堆等。

定额编号				2-97	2-98	2-99	2-100
项目				现浇混凝土			
				桥洞底板（拱桥）	桥洞底板模板（拱桥）	桥洞底板（平桥）	桥洞底板模板（平桥）
				$10m^3$	$100m^2$	$10m^3$	$100m^2$
名称			单位	消耗量			
人工	合计工日		工日	7.524	59.796	6.498	38.313
	其中	普工	工日	3.010	23.918	2.599	15.325
		一般技工	工日	3.762	29.898	3.249	19.157
		高级技工	工日	0.752	5.980	0.650	3.831
材料	预拌混凝土		m^3	10.100	—	10.100	—
	板枋材		m^3	—	1.720	—	1.470
	塑料薄膜		m^2	11.781	—	45.003	—
	铁钉		kg	—	6.700	—	3.900
	脱模剂		kg	—	10.000	—	10.000
	铁件(综合)		kg	—	—	—	26.000
	模板嵌缝料		kg	—	5.000	—	5.000
	水		m^3	5.200	—	4.410	—
	电		kW·h	12.686	—	12.229	—
机械	木工圆锯机 直径500mm		台班	—	2.670	—	2.600

4.护　坡

工作内容:选、修、场内运输、调配砂浆、铺砂浆、砌石、勾缝等。　　**计量单位**:10m³

定额编号				2-101	2-102
项目				毛石护坡	条石护坡
名称			单位	消耗量	
人工	合计工日		工日	14.900	14.856
	其中	普工	工日	5.960	5.942
		一般技工	工日	7.450	7.428
		高级技工	工日	1.490	1.486
材料	毛石		m^3	11.800	—
	条石		m^3	—	10.100
	预拌水泥砂浆		m^3	3.400	4.377
	水		m^3	1.020	1.313
机械	干混砂浆罐式搅拌机		台班	0.567	0.730

5. 拱券、券脸

工作内容:1. 放样,选料,场内运输,拱圈底模制作、安装、拆除,调配砂浆,砌筑,养护等。
2. 放样,选石,场内运输,拱圈底模制作、安装、拆除,调配砂浆,砌筑,养护等。
3. 放样、选石、场内运输、调配砂浆、拼缝安装、灌缝净面、清理、养护等。
4. 清理基层,场内运输,钻孔,预埋铁件,制作安装钢筋网,电焊固定,钻板,镶贴面层,穿丝固定,灌浆,磨光,养护等。

定额编号			2-103	2-104	2-105	2-106
项目			砖砌拱券	石砌拱券	石砌券脸	挂贴券脸石面
			10m³			100m²
名称		单位	消耗量			
人工	合计工日	工日	22.970	27.685	29.070	64.600
其中	普工	工日	6.891	5.537	5.814	12.920
	一般技工	工日	13.782	11.074	11.628	22.610
	高级技工	工日	2.297	11.074	11.628	29.070
材料	标准砖 240×115×53	千块	5.380	—	—	—
	条石	m³	—	10.500	—	—
	券脸石	m³	—	—	10.500	—
	石质块料	m²	—	—	—	106.000
	板枋材	m³	0.304	0.100	0.100	—
	预拌水泥砂浆	m³	2.290	2.810	2.810	4.004
	白色硅酸盐水泥 32.5	kg	—	—	—	15.965
	铁钉	kg	6.600	1.000	1.000	—
	水	m³	1.070	1.313	0.843	1.541
	石料切割锯片	片	—	—	—	1.530
	膨胀螺栓 M12×80	套	—	—	—	612.000
	铜丝	kg	—	—	—	0.935
	钢筋 φ10 以内	t	—	—	—	0.148
	其他材料费	%	—	—	—	3.000
机械	干混砂浆罐式搅拌机	台班	0.382	0.468	0.468	0.620

6.装饰贴面

工作内容:1.清理基层、场内运输、调配砂浆、打底刷浆、切割块料、镶贴块料面层、砂浆勾缝、清理净面、养护等。

2.场内运输、调配砂浆、截头打眼、拼缝安装、清理净面、养护等。　　**计量单位:**100m²

定额编号			2-107	2-108	2-109
项目			桥面石铺贴		石桥檐板
			石材厚≤50mm	每增厚 10mm	厚≤60mm
名称		单位	消耗量		
人工	合计工日	工日	24.460	2.980	54.000
	其中 普工	工日	4.890	0.600	10.800
	其中 一般技工	工日	8.560	1.040	18.900
	其中 高级技工	工日	11.010	1.340	24.300
材料	石质板材	m²	102.000	—	—
	石桥檐板(成品)	m²	—	—	106.000
	预拌水泥砂浆	m³	5.100	—	5.900
	石料切割锯片	片	4.630	—	—
	白色硅酸盐水泥 32.5	kg	—	—	30.000
	水	m³	1.530	—	1.770
机械	干混砂浆罐式搅拌机	台班	0.850	—	0.980

工作内容:场内运输、放样、安装、调整、固定等。　　**计量单位:**个

定额编号			2-110	2-111
项目			型钢铁锔安装	铸铁银锭安装
名称		单位	消耗量	
人工	合计工日	工日	0.070	0.080
	其中 普工	工日	0.014	0.016
	其中 一般技工	工日	0.025	0.028
	其中 高级技工	工日	0.031	0.036
材料	型钢铁锔	个	1.000	—
	铸铁银锭	个	—	1.000

7. 其他石构件

工作内容：场内运输、放样、调配砂浆、安装、调整、固定、塞垫嵌缝、清理、勾缝、养护等。

计量单位：10 根

定额编号				2-112	2-113	2-114
项目				石望柱安装		
				柱高(mm)		
				≤1000	≤1200	≤1300
名称			单位	消耗量		
人工	合计工日		工日	4.160	4.980	5.411
	其中	普工	工日	0.832	0.996	1.082
		一般技工	工日	1.456	1.743	1.894
		高级技工	工日	1.872	2.241	2.435
材料	石望柱(成品)		根	10.050	10.050	10.050
	预拌水泥砂浆		m^3	0.010	0.010	0.010
	素水泥浆		m^3	0.010	0.010	0.036
	白色硅酸盐水泥 32.5		kg	15.000	15.000	15.000
	云石胶		kg	1.000	1.000	1.000
	水		m^3	0.003	0.003	0.003
机械	汽车式起重机提升质量 5t		台班	0.020	0.020	0.020
	干混砂浆罐式搅拌机		台班	0.002	0.002	0.002

工作内容：场内运输、放样、调配砂浆、安装、调整、固定、塞垫嵌缝、清理、勾缝、养护等。

定额编号				2-115	2-116	2-117
项目				石栏板安装	地伏石安装	抱鼓石安装
				$100m^2$	100m	$100m^2$
名称			单位	消耗量		
人工	合计工日		工日	60.000	38.910	82.640
	其中	普工	工日	12.000	7.780	16.530
		一般技工	工日	21.000	13.620	28.920
		高级技工	工日	27.000	17.510	37.190
材料	石栏板(成品)		m^2	100.500	—	—
	地伏石(成品)		m	—	100.500	—
	抱鼓石(成品)		m^2	—	—	100.500
	预拌水泥砂浆		m^3	—	0.600	—
	素水泥浆		m^3	0.220	—	0.220
	白色硅酸盐水泥 32.5		kg	33.000	45.000	33.000
	云石胶		kg	12.190	—	12.190
	水		m^3	—	0.180	—
	其他材料费		%	2.370	2.650	1.700
机械	汽车式起重机 提升质量 5t		台班	1.280	3.000	1.280
	干混砂浆罐式搅拌机		台班	—	0.100	—

8. 木梁、柱

工作内容：放样、选料、场内运输、截料、划线、起线、凿眼、齐头、安装等。　　**计量单位：**$10m^3$

定额编号				2-118	2-119	2-120
项目				木梁、柱		
				截面周长(mm)		
				400 以内	600 以内	600 以外
名称			单位	消耗量		
人工	合计工日		工日	59.260	52.640	44.080
	其中	普工	工日	11.852	10.528	8.816
		一般技工	工日	20.741	18.424	15.428
		高级技工	工日	26.667	23.688	19.836
材料	防腐木		m^3	11.340	11.190	11.100
	不锈钢钉		kg	23.700	23.200	17.100
	其他材料费		%	1.000	1.000	1.000
机械	木工圆锯机 直径 500mm		台班	2.380	2.380	2.380

9. 木龙骨

工作内容：放样、选料、场内运输、截料、划线、起线、凿眼、找平、安装等。　　**计量单位：**$100m^2$

定额编号				2-121
项目				木龙骨
				截面周长 200mm 以内
名称			单位	消耗量
人工	合计工日		工日	8.200
	其中	普工	工日	1.640
		一般技工	工日	2.870
		高级技工	工日	3.690
材料	防腐木		m^3	1.570
	不锈钢钉		kg	4.920
	其他材料费		%	1.000
机械	木工圆锯机 直径 500mm		台班	0.494

10. 木 面 板

工作内容：放样、选料、场内运输、截料、刨光、划线、起线、凿眼、找平、安装等。

定额编号			2-122	2-123	2-124	2-125
项目			木质面板制作、安装		木台阶制作、安装	木桥挂檐板制作、安装
			板厚≤40mm	每增厚≤10mm	板厚≤40mm	
			100m^2		100m^2 水平投影面积	100m^2
名称		单位	消耗量			
人工	合计工日	工日	23.311	4.840	37.180	37.440
	其中 普工	工日	4.662	0.968	7.436	7.488
	其中 一般技工	工日	8.159	1.694	13.013	13.104
	其中 高级技工	工日	10.490	2.178	16.731	16.848
材料	防腐木	m^3	4.600	1.150	7.420	3.450
	不锈钢钉	kg	39.050	—	51.000	6.370
	其他材料费	%	1.000	—	1.000	1.000
机械	木工圆锯机 直径500mm	台班	3.130	—	3.200	2.350

11. 木 栏 板

工作内容：放样、选料、场内运输、截料、划线、起线、凿眼、找平、安装等。

定额编号			2-126	2-127
项目			木望柱制作、安装	木栏板制作、安装
			10m^3	100m^2
名称		单位	消耗量	
人工	合计工日	工日	67.725	36.469
	其中 普工	工日	13.545	7.294
	其中 一般技工	工日	23.704	12.764
	其中 高级技工	工日	30.476	16.411
材料	防腐木	m^3	10.200	6.100
	不锈钢钉	kg	6.354	3.800
	其他材料费	%	1.000	1.000
机械	木工圆锯机 直径500mm	台班	2.380	3.130

12. 竹　面　板

工作内容：放样、场内运输、铺设、钉牢、齐头、安装等。

计量单位：$100m^2$

定　额　编　号			2-128
项　　　目			竹面板安装
名　　称		单位	消　耗　量
人工	合计工日	工日	9.000
人工	其中 普工	工日	1.800
人工	其中 一般技工	工日	3.150
人工	其中 高级技工	工日	4.050
材料	竹面板(成品)	m^2	105.000
材料	不锈钢钉	kg	31.240
材料	其他材料费	%	0.500

三、树　池

1.围　牙

工作内容:放样、开槽、场内运输、调配砂浆、安砌、勾缝、养护、清理等。　　**计量单位:**100m

定额编号				2-129	2-130	2-131	2-132
项目				条石围牙	混凝土块围牙	砖砌围牙(立砖)	
						单层	双层
名称			单位	消耗量			
人工	合计工日		工日	3.029	2.616	3.347	4.323
	其中	普工	工日	1.302	1.125	1.439	1.859
		一般技工	工日	1.727	1.491	1.908	2.464
		高级技工	工日	—	—	—	—
材料	条石		m	102.000	—	—	—
	混凝土预制块		m	—	101.000	—	—
	标准砖 240×115×53		千块	—	—	0.796	1.618
	预拌水泥砂浆		m^3	0.030	0.030	0.100	0.450
	水		m^3	0.009	0.009	0.030	0.135
	其他材料费		%	1.500	1.500	1.500	1.500
机械	干混砂浆罐式搅拌机		台班	0.005	0.005	0.017	0.075

2.盖　板

工作内容:杂物清理、场内运输、铺设、边口固定等。

定额编号				2-133	2-134	2-135	2-136
项目				盖板安装		填充(厚100mm)	
				复合材料	铸铁	树皮	卵石
				套		$100m^2$	
名称			单位	消耗量			
人工	合计工日		工日	0.084	0.090	3.200	3.500
	其中	普工	工日	0.038	0.040	1.410	1.540
		一般技工	工日	0.046	0.050	1.790	1.960
		高级技工	工日	—	—	—	—
材料	复合材料树池盖(综合)		套	1.020	—	—	—
	铸铁树池盖(综合)		套	—	1.000	—	—
	块状树皮		m^3	—	—	10.000	—
	卵石		t	—	—	—	18.992

四、台　　阶

1. 砌　　筑

工作内容:放样、选石、场内运输、调配砂浆、堆砌、塞垫嵌缝、清理、养护等。

定 额 编 号				2-137	2-138	2-139
项 目				料石台阶	山石(自然石)台阶	标准砖台阶
				$100m^2$ 水平投影面积		$10m^3$
名 称			单位	消 耗 量		
人工	合计工日		工日	47.300	62.700	19.959
	其中	普工	工日	14.190	18.810	5.988
		一般技工	工日	28.380	37.620	11.975
		高级技工	工日	4.730	6.270	1.996
材料	料石 厚150mm		m^2	104.000	—	—
	山石(自然石)厚150mm		m^2	—	104.000	—
	标准砖 240×115×53		千块	—	—	5.514
	预拌水泥砂浆		m^3	0.600	—	2.142
	预拌水泥石灰砂浆		m^3	0.300	0.700	—
	水		m^3	0.270	0.210	1.100
机械	干混砂浆罐式搅拌机		台班	0.150	0.117	0.357

工作内容:1. 场内运输、浇筑、振捣、养护等。

2. 模板制作、安装、拆除、堆放、场内运输及清理模内杂物、刷隔离剂等。

计量单位:$100m^2$ 水平投影面积

定额编号				2-140	2-141
项目				混凝土台阶	混凝土台阶模板
名称			单位	消耗量	
人工	合计工日		工日	14.370	13.947
	其中	普工	工日	4.311	4.184
		一般技工	工日	8.622	8.368
		高级技工	工日	1.437	1.395
材料	预拌混凝土		m^3	14.640	—
	复合模板		m^2	—	45.085
	板枋材		m^3	—	0.722
	木支撑		m^3	—	0.637
	塑料粘胶带 20mm×50m		卷	—	4.500
	圆钉(综合)		kg	—	1.838
	隔离剂		kg	—	10.000
	土工布		m^2	12.600	—
	塑料薄膜		m^2	66.260	—
	电		kW·h	4.620	—
	水		m^3	1.390	—
机械	木工圆锯机 直径 500mm		台班	—	0.184

2. 装　饰

工作内容：1. 清理基层、场内运输、调配砂浆、铺设面层等。

2. 清理基层、场内运输、调配砂浆、试排弹线、锯板修边、铺抹结合层、铺贴饰面、清理净面等。

计量单位：$100m^2$ 水平投影面积

定额编号			2-142	2-143	2-144	2-145
项目			水泥砂浆抹面		石材贴面	
			20mm	每增减 1mm	直形	弧形
名称		单位	消耗量			
人工	合计工日	工日	13.184	0.337	35.999	41.399
	其中 普工	工日	2.637	0.067	7.199	8.279
	其中 一般技工	工日	4.614	0.118	12.600	14.490
	其中 高级技工	工日	5.933	0.152	16.200	18.630
材料	预拌水泥砂浆	m^3	3.019	0.151	2.960	4.228
	石质板材	m^2	—	—	144.690	219.664
	胶粘剂 DTA 砂浆	m^3	0.153	—	0.150	0.150
	白水泥	kg	—	—	15.096	21.137
	锯木屑	m^3	—	—	0.888	1.243
	棉纱	kg	—	—	1.480	2.072
	石料切割锯片	片	—	—	2.240	3.140
	水	m^3	5.300	0.045	4.742	5.388
	电	kW·h	—	—	40.380	56.520
机械	干混砂浆罐式搅拌机	台班	0.503	0.025	0.493	0.705

工作内容：1. 清理基层、场内运输、调配砂浆、铺设面层试排弹线、锯板修边、铺抹结合层、铺贴饰面、清理净面等。

2. 清理基层、场内运输、调配砂浆、铺设面层、剁斧等。 **计量单位：**100m² 水平投影面积

定额编号			2-146	2-147
项目			陶瓷砖贴面	剁假石
名称		单位	消耗量	
人工	合计工日	工日	33.351	65.030
	其中 普工	工日	6.670	13.005
	其中 一般技工	工日	11.673	22.761
	其中 高级技工	工日	15.008	29.264
材料	陶瓷地砖(综合)	m²	144.690	—
	预拌水泥砂浆	m³	2.990	1.387
	水泥白石子浆	m³	—	1.153
	胶粘剂DTA砂浆	m³	0.150	0.151
	白水泥	kg	15.500	—
	石料切割锯片	片	1.400	1.680
	锯木屑	m³	0.890	0.888
	棉纱	kg	1.480	1.480
	水	m³	4.797	0.945
	电	kW·h	11.400	—
机械	干混砂浆罐式搅拌机	台班	0.520	0.231

五、驳岸、护岸

工作内容:1. 制作木桩、场内运输、定位、校正、打桩、锯桩头等。

2. 放样,选石、场内运输,调运砂浆,固定等。

定额编号			2-148	2-149
项目			原木桩驳岸	自然式驳岸
			$10m^3$	t
名称		单位	消耗量	
人工	合计工日	工日	40.320	1.489
	其中 普工	工日	10.080	0.298
	其中 一般技工	工日	26.210	1.042
	其中 高级技工	工日	4.030	0.149
材料	木桩	m^3	10.800	—
	自然石	t	—	1.020
	预拌水泥砂浆	m^3	—	0.054
	水	m^3	—	0.016
	其他材料费	%	1.000	—
机械	干混砂浆罐式搅拌机	台班	—	0.009
	汽车式起重机 提升质量 8t	台班	—	0.020

工作内容:1. 选石、场内运输,调配砂浆,定位,堆砌,塞垫嵌缝,清理,养护等。

2. 选石、场内运输,定位,堆砌,塞垫嵌缝,清理,养护等。

计量单位:t

定额编号			2-150	2-151
项目			自然式护岸(浆铺)	自然式护岸(干铺)
名称		单位	消耗量	
人工	合计工日	工日	1.420	1.029
	其中 普工	工日	0.284	0.309
	其中 一般技工	工日	0.994	0.617
	其中 高级技工	工日	0.142	0.103
材料	自然石	t	1.040	1.040
	预拌水泥砂浆	m^3	0.054	—
	水	m^3	0.016	—
机械	干混砂浆罐式搅拌机	台班	0.009	—
	汽车式起重机 提升质量 5t	台班	0.020	0.020

工作内容:1. 选石、场内运输、调配砂浆、固定等。
2. 选石、场内运输、固定等。
3. 修整边坡、场内运输、铺砂、安装固定框格等。
4. 修整边坡、场内运输、安放等。

定额编号				2-152	2-153	2-154	2-155
项目				池底散铺卵石		预制混凝土框格护岸	生态袋护岸
				浆铺	干铺		
				t		100m²	10m³
名称			单位	消耗量			
人工	合计工日		工日	0.850	0.278	22.900	6.660
	其中	普工	工日	0.255	0.083	6.870	1.998
		一般技工	工日	0.595	0.195	13.740	3.996
		高级技工	工日	—	—	2.290	0.666
材料	卵石		t	1.020	1.020	—	—
	预制混凝土框格		m²	—	—	105.000	—
	生态袋 810×430(成品)		条	—	—	—	250.000
	粗砂		m³	—	—	11.700	—
	预拌水泥砂浆		m³	0.054	—	—	—
	水		m³	0.016	—	—	—
机械	干混砂浆罐式搅拌机		台班	0.009	—	—	—

第三章　园林景观工程

说　明

一、本章包括堆砌土山丘,堆砌假山,景石,塑假山,园林小品装饰,栏杆,园林桌椅凳和其他杂项共八节。

二、堆砌土山丘指坡顶与坡底高差大于1.0m且坡度大于30%的土坡堆砌。

三、堆砌假山:

1.假山定额项目按露天、地坪上施工考虑。

2.人造湖石峰、人造山石峰指将若干湖石或山石辅以条石或钢筋混凝土预制板,用水泥砂浆、细石混凝土和铁件堆砌,形成石峰造型的一种假山。在假山顶部突出的石块,不执行人造独立峰定额项目。

四、景石指天然独块的景石布置。

五、塑假山:

1.塑假山未考虑模型制作费。塑砖骨架假山定额项目已包括砖骨架,如设计要求做部分钢筋混凝土骨架或其他材料骨架时,按比例进行换算,套用相应的定额项目。

2.塑钢骨架假山的钢骨架制作及安装项目未包括表面喷漆,如设计要求表面喷漆,应另行计算。

六、堆砌假山、塑假山定额项目不包括基础。假山与基础的划分:地面以上按假山计算,地面以下按基础计算,基础执行《房屋建筑与装饰工程消耗量定额》TY 01－31－2015相应定额项目。

七、园林小品装饰定额项目均已考虑面层或表层的装饰抹灰和基层抹灰,骨架制作执行相应定额项目。

八、栏杆、桌椅凳及杂项:

1.混凝土栏杆、金属栏杆、塑料栏杆、金属围网等按成品考虑。

2.园林石桌石凳以一桌四凳为一套,长条形石凳一套包括凳面、凳脚;园林桌椅凳等按成品考虑。

3.钢网围墙中的型钢立柱执行《房屋建筑与装饰工程消耗量定额》TY 01－31－2015相应定额项目。

4.石球、石灯笼、仿石音箱、石花盆、垃圾桶等按成品考虑。

九、本章定额项目不包含园建材料的二次转运和超运距搬运,实际发生时执行本定额第七章相应定额项目。

十、本章定额项目不包含脚手架搭拆费用,实际发生时执行本定额第七章相应定额项目。

工程量计算规则

一、堆砌土山丘按设计图示土山的水平投影外接矩形面积乘以高度的1/3,以体积计算。

二、堆砌假山:

1. 堆砌假山的工程量按实际使用石料的质量计算有以下两种计算方式:

计算公式一: $W_{质} = R \times A_{矩} \times H_{大} \times K_n$ (1)

式中:$A_{矩}$——假山不规则平面轮廓的水平投影最大外接矩形面积;

$H_{大}$——假山石着地点至最高点的垂直距离;

R——石料容重(石料为湖石时,R为2.2;其他石料按实调整;t/m^3);

K_n——实体折减系数,其取定值如表3-1所示。

表3-1 实体折减系数表

序号	$H_{大}$	K_n
1	$\leqslant 1m$	0.77
2	$1m < H_{大} \leqslant 3m$	0.653
3	$> 3m$	0.6

计算公式二:堆砌假山工程量(t)=假山石料进场验收数量(t)-进场假山石料剩余数量(t) (2)

2. 石峰按石料体积(取其长、宽、高的平均值)乘以石料容重(湖石:$2.2t/m^3$,其他石料按实调整)以质量计算。

三、景石工程量计算公式与石峰工程量计算公式一致。

四、塑假山:

1. 塑假山工程量以外围展开面积计算。

2. 塑假山钢骨架制作及安装按设计图示尺寸乘以单位理论质量计算。

五、园林小品装饰:

1. 塑树皮按展开面积计算。

2. 塑树根、竹、藤条按延长米计算。

3. 砖石砌小摆设按设计图示尺寸以体积计算。

4. 砖石砌小摆设抹灰面积按设计图示尺寸以面积计算。

六、栏杆、桌椅凳及杂项:

1. 混凝土栏杆、金属栏杆按设计图示尺寸以延长米计算。

2. 塑料栏杆按设计图示尺寸以面积计算。

3. 条椅凳按图示尺寸以延长米计算。

4. 整石座凳按设计图示尺寸以体积计算。

5. 花瓦什锦窗按设计图示尺寸以窗框外围面积计算。

6. 钢网围墙安装按设计图示尺寸以面积计算。

7. 石球、石灯笼、仿石音箱、石花盆及垃圾桶按数量计算。

一、堆砌土山丘

工作内容：取土、场内运输、堆筑、夯实、人工修整等。

计量单位：10m³

定额编号				3-1	3-2
项目				人工堆土山丘	机械堆土山丘
名称			单位	消耗量	
人工	合计工日		工日	2.131	0.151
	其中	普工	工日	0.426	0.030
		一般技工	工日	0.746	0.053
		高级技工	工日	0.959	0.068
材料	土		m^3	11.000	11.000
	水		m^3	0.155	0.155
机械	洒水车 罐容量4000L		台班	—	0.025
	履带式推土机 功率105kW		台班	—	0.070
	履带式反铲单斗挖掘机(液压) 斗容量0.6m³		台班	—	0.040

注：就地取土时，取消土的消耗量。

二、堆砌假山

工作内容：放样、选石、场内运输、吊装、调配砂浆、堆砌、塞垫嵌缝、清理、养护等。

计量单位：t

定额编号				3-3	3-4	3-5
项目				堆砌湖石假山		
				高度(m)		
				≤1	≤2	≤3
名称			单位	消耗量		
人工	合计工日		工日	1.760	2.240	3.040
	其中	普工	工日	0.352	0.448	0.608
		一般技工	工日	0.616	0.784	1.064
		高级技工	工日	0.792	1.008	1.368
材料	湖石		t	1.000	1.000	1.000
	预拌混凝土		m^3	0.060	0.080	0.080
	预拌水泥砂浆		m^3	0.040	0.050	0.050
	铁件(综合)		kg	—	5.000	10.000
	条石		m^3	0.100	0.100	0.110
	水		m^3	0.170	0.170	0.170
	其他材料费		%	1.500	1.500	1.500
机械	干混砂浆罐式搅拌机		台班	0.017	0.022	0.022
	汽车式起重机 提升质量12t		台班	0.076	0.084	0.118

工作内容：放样、选石、场内运输、吊装、调配砂浆、堆砌、塞垫嵌缝、清理、养护等。　　　　**计量单位**：t

定额编号				3-6	3-7
项目				堆砌湖石假山	
				高度(m)	
				≤4	每增加1
名称			单位	消耗量	
人工	合计工日		工日	3.440	0.400
	其中	普工	工日	0.688	0.080
		一般技工	工日	1.204	0.140
		高级技工	工日	1.548	0.180
材料	湖石		t	1.000	—
	预拌混凝土		m^3	0.100	—
	预拌水泥砂浆		m^3	0.050	—
	铁件(综合)		kg	15.000	5.000
	条石		m^3	0.160	0.010
	水		m^3	0.250	—
	其他材料费		%	1.500	—
机械	干混砂浆罐式搅拌机		台班	0.025	—
	汽车式起重机 提升质量12t		台班	0.129	0.020

工作内容：放样、选石、场内运输、吊装、调配砂浆、塞垫嵌缝、清理、养护等。　　　　**计量单位**：t

定额编号				3-8	3-9	3-10
项目				人造湖石峰		整块湖石峰
				高度(m)		
				≤3	≤4	≤5
名称			单位	消耗量		
人工	合计工日		工日	6.100	7.685	5.189
	其中	普工	工日	1.220	1.537	1.038
		一般技工	工日	2.135	2.690	1.816
		高级技工	工日	2.745	3.458	2.335
材料	湖石		t	1.000	1.000	0.250
	整块湖石峰		t	—	—	1.000
	预拌混凝土		m^3	0.150	0.150	0.100
	预拌水泥砂浆		m^3	0.050	0.050	0.030
	铁件(综合)		kg	10.000	15.000	—
	块石		m^3	0.100	0.100	—
	水		m^3	0.250	0.250	0.170
	其他材料费		%	1.500	1.500	1.500
机械	干混砂浆罐式搅拌机		台班	0.033	0.033	0.022
	汽车式起重机 提升质量12t		台班	0.178	0.188	0.224

工作内容:放样、选石、场内运输、吊装、调配砂浆、堆砌、塞垫嵌缝、清理、养护等。 **计量单位**:t

定额编号				3-11	3-12	3-13
项目				堆砌山石假山		
				高度(m)		
				≤1	≤2	≤3
名称			单位	消耗量		
人工	合计工日		工日	1.800	2.951	3.151
	其中	普工	工日	0.360	0.590	0.630
		一般技工	工日	0.630	1.033	1.103
		高级技工	工日	0.810	1.328	1.418
材料	山石		t	1.000	1.000	1.000
	预拌混凝土		m^3	0.060	0.080	0.080
	预拌水泥砂浆		m^3	0.040	0.050	0.050
	铁件(综合)		kg	—	5.000	10.000
	块石		m^3	—	—	0.050
	水		m^3	0.170	0.170	0.170
	其他材料费		%	1.500	1.500	1.500
机械	干混砂浆罐式搅拌机		台班	0.017	0.022	0.022
	汽车式起重机 提升质量 12t		台班	0.076	0.084	0.118

工作内容:放样、选石、场内运输、吊装、调配砂浆、堆砌、塞垫嵌缝、清理、养护等。 **计量单位**:t

定额编号				3-14	3-15
项目				堆砌山石假山	
				高度(m)	
				≤4	每增加 1
名称			单位	消耗量	
人工	合计工日		工日	3.600	0.340
	其中	普工	工日	0.720	0.080
		一般技工	工日	1.260	0.080
		高级技工	工日	1.620	0.180
材料	山石		t	1.000	—
	预拌混凝土		m^3	0.100	—
	预拌水泥砂浆		m^3	0.050	—
	铁件(综合)		kg	15.000	5.000
	块石		m^3	0.100	0.010
	水		m^3	0.250	—
	其他材料费		%	1.500	—
机械	干混砂浆罐式搅拌机		台班	0.025	—
	汽车式起重机 提升质量 12t		台班	0.141	0.020

工作内容：放样、选石、场内运输、吊装、调配砂浆、塞垫嵌缝、清理、养护等。 **计量单位**：t

定额编号				3-16	3-17	3-18
项目				人造山石峰		
				高度(m)		
				≤2	≤3	≤4
名称			单位	消耗量		
人工	合计工日		工日	3.391	6.000	7.571
	其中	普工	工日	0.678	1.200	1.514
		一般技工	工日	1.187	2.100	2.650
		高级技工	工日	1.526	2.700	3.407
材料	山石		t	1.000	1.000	1.000
	预拌混凝土		m^3	0.080	0.080	0.080
	预拌水泥砂浆		m^3	0.050	0.050	0.050
	铁件(综合)		kg	5.000	10.000	15.000
	块石		m^3	—	0.100	0.100
	水		m^3	0.250	0.250	0.250
	其他材料费		%	1.500	1.500	1.500
机械	干混砂浆罐式搅拌机		台班	0.022	0.022	0.022
	汽车式起重机 提升质量 12t		台班	0.084	0.129	0.139

三、景　石

工作内容：放样、选石、场内运输、吊装、调配砂浆、固定、清理、养护等。 **计量单位**：t

定额编号				3-19	3-20	3-21
项目				土山点石		
				高度(m)		
				≤2	≤3	≤4
名称			单位	消耗量		
人工	合计工日		工日	1.375	1.925	2.200
	其中	普工	工日	0.275	0.385	0.440
		一般技工	工日	0.481	0.674	0.770
		高级技工	工日	0.619	0.866	0.990
材料	景石		t	1.000	1.000	1.000
	预拌水泥砂浆		m^3	0.010	0.010	0.010
	水		m^3	0.003	0.003	0.003
	其他材料费		%	1.500	1.500	1.500
机械	干混砂浆罐式搅拌机		台班	0.002	0.002	0.002
	汽车式起重机 提升质量 8t		台班	0.108	—	—
	汽车式起重机 提升质量 12t		台班	—	0.151	0.173

工作内容：放样、选石、场内运输、吊装、调配砂浆、固定、清理、养护等。　　　　**计量单位：**t

定额编号				3-22	3-23	3-24	3-25
项目				布置景石(t)			
				≤1	≤5	≤10	>10
名称			单位	消耗量			
人工	合计工日		工日	1.617	1.369	1.283	1.200
	其中	普工	工日	0.323	0.274	0.257	0.240
		一般技工	工日	0.566	0.479	0.449	0.420
		高级技工	工日	0.728	0.616	0.577	0.540
材料	景石		t	1.000	1.000	1.000	1.000
	预拌水泥砂浆		m^3	0.040	0.050	0.050	0.050
	预拌混凝土		m^3	0.040	0.050	0.050	0.050
	铁件(综合)		kg	3.000	5.000	8.000	10.000
	水		m^3	0.024	0.030	0.030	0.030
	其他材料费		%	1.500	1.500	1.500	1.500
机械	干混砂浆罐式搅拌机		台班	0.013	0.013	0.013	0.013
	汽车式起重机 提升质量8t		台班	0.151	—	—	—
	汽车式起重机 提升质量12t		台班	—	0.242	—	—
	汽车式起重机 提升质量20t		台班	—	—	0.270	0.295

四、塑　假　山

工作内容：放样、划线、场内运输、调配砂浆、砌骨架、堆筑成型、制纹理等。　　　　**计量单位：**100m²

定额编号			3-26	3-27	3-28	3-29
项目			砖骨架塑假山			
			高度(m)			
			≤2.5	≤6	≤10	>10
名称		单位	消耗量			
人工	合计工日	工日	112.510	125.710	139.710	152.510
	其中 普工	工日	22.500	25.140	27.940	30.500
	其中 一般技工	工日	39.380	44.000	48.900	53.380
	其中 高级技工	工日	50.630	56.570	62.870	68.630
材料	预拌水泥砂浆	m³	9.200	12.000	15.600	17.500
	预拌混凝土	m³	3.900	4.100	4.100	4.100
	标准砖 240×115×53	千块	15.400	23.100	27.400	31.500
	预制钢筋混凝土板	m³	1.100	1.200	1.800	1.800
	水	m³	6.000	6.540	7.140	9.000
	其他材料费	%	1.500	1.500	1.500	1.500
机械	干混砂浆罐式搅拌机	台班	3.320	3.630	4.130	4.450
	汽车式起重机 提升质量 12t	台班	0.890	1.300	1.800	2.000

工作内容：1. 放样、划线、场内运输、钢骨架焊接、安装等。

2. 放样、划线、场内运输、挂钢网、塑型、制纹理等。

定　额　编　号				3-30	3-31
项　　　目				塑假山钢骨架制作、安装	钢骨架钢网塑假山
				t	$100m^2$
名　　称			单位	消　耗　量	
人工	合计工日		工日	16.056	115.850
	其中	普工	工日	3.211	23.170
		一般技工	工日	5.620	40.550
		高级技工	工日	7.225	52.130
材料	角钢(综合)		kg	848.000	—
	钢板 δ0.7～0.9		kg	212.000	—
	板枋材		m^3	0.033	—
	预拌水泥砂浆		m^3	—	5.200
	钢丝网(综合)		m^2	—	107.500
	钢筋 ϕ10 以内		kg	—	700.000
	电焊条(综合)		kg	38.400	13.100
	垫铁		kg	5.020	—
	防锈漆		kg	11.600	—
	水		m^3	—	1.500
	其他材料费		%	1.500	1.500
机械	直流电焊机 功率 40kW		台班	7.680	2.620
	干混砂浆罐式搅拌机		台班	—	0.867
	汽车式起重机 提升质量 12t		台班	0.250	2.200
	型钢剪断机 剪断宽度 500mm		台班	0.090	—

五、园林小品装饰

工作内容：场内运输、调配砂浆、找平、缠麻布丝、塑面层、着色、清理养护等。　　**计量单位**：100m²

定额编号				3-32
项目				塑松（杉）树皮
名称			单位	消耗量
人工	合计工日		工日	227.450
	其中	普工	工日	45.490
		一般技工	工日	79.610
		高级技工	工日	102.350
材料	预拌水泥砂浆		m³	2.500
	预拌混合砂浆		m³	0.800
	颜料		kg	60.000
	水		m³	1.000
	其他材料费		%	1.500
机械	干混砂浆罐式搅拌机		台班	0.550

工作内容：场内运输、钢筋制作、绑扎、安装、调配砂浆、底面层抹灰、塑型等。　　**计量单位**：10m

定额编号				3-33	3-34
项目				塑松树根	
				直径（mm）	
				≤150	＞150
名称			单位	消耗量	
人工	合计工日		工日	5.806	7.355
	其中	普工	工日	1.161	1.471
		一般技工	工日	2.032	2.574
		高级技工	工日	2.613	3.310
材料	预拌水泥砂浆		m³	0.120	0.300
	素水泥浆		m³	0.050	0.080
	钢筋（综合）		t	0.011	0.031
	钢丝网		m²	4.980	8.290
	镀锌铁丝 22#		kg	0.950	1.200
	颜料		kg	3.000	4.500
	水		m³	0.070	0.120
	其他材料费		%	1.500	1.500
机械	干混砂浆罐式搅拌机		台班	0.028	0.063

工作内容：场内运输、钢筋制作、绑扎、安装、调配砂浆、底面层抹灰、塑型等。　　**计量单位**：10m

定　额　编　号				3-35	3-36
项　　目				塑竹	
				直径(mm)	
				≤100	>100
名　称			单位	消　耗　量	
人工	合计工日		工日	6.580	8.666
	其中	普工	工日	1.316	1.733
		一般技工	工日	2.303	3.033
		高级技工	工日	2.961	3.900
材料	预拌水泥砂浆		m^3	0.080	0.160
	白水泥浆		m^3	0.020	0.030
	角钢 50×5		t	0.039	0.080
	镀锌铁丝 22#		kg	0.800	1.000
	氧化铁红		kg	0.060	0.090
	黄丹粉		kg	0.300	0.450
	水		m^3	0.030	0.060
	其他材料费		%	1.500	1.500
机械	干混砂浆罐式搅拌机		台班	0.017	0.032

工作内容：场内运输、钢筋制作、绑扎、安装、调配砂浆、底面层抹灰、塑型等。　　**计量单位：**10m

定额编号			3-37	3-38	3-39	3-40
项目			塑藤条			
			直径(mm)			
			≤30	≤60	≤100	>100 每增加 30
名称		单位	消耗量			
人工	合计工日	工日	1.811	3.620	5.951	1.606
	其中 普工	工日	0.362	0.724	1.190	0.321
	其中 一般技工	工日	0.634	1.267	2.083	0.562
	其中 高级技工	工日	0.815	1.629	2.678	0.723
材料	预拌水泥砂浆	m^3	0.010	0.019	0.028	0.015
	素水泥浆	m^3	0.003	0.006	0.009	0.005
	素白水泥浆	m^3	0.002	0.004	0.006	0.003
	钢筋 ϕ10 以内	t	0.005	0.009	0.018	0.007
	镀锌铁丝 18#	kg	0.600	1.010	1.510	0.730
	色粉	kg	0.300	0.590	0.980	0.450
	精梳麻	kg	0.300	0.600	1.990	0.350
	107 胶	kg	0.400	0.620	0.940	0.450
	水	m^3	0.005	0.011	0.013	0.007
	其他材料费	%	1.500	1.500	1.500	1.500
机械	干混砂浆罐式搅拌机	台班	0.003	0.005	0.007	0.004

工作内容：1. 场内运输、调配砂浆、砌砖等。
2. 场内运输、清理底层、调配砂浆、抹灰、压光等。

定额编号			3-41	3-42
项目			砖砌园林小摆设	砖砌园林小摆设抹面
			$10m^3$	$100m^2$
名称		单位	消耗量	
人工	合计工日	工日	21.850	41.860
	其中 普工	工日	4.370	8.370
	其中 一般技工	工日	7.650	14.650
	其中 高级技工	工日	9.830	18.840
材料	标准砖 240×115×53	千块	5.510	—
	钢筋(综合)	t	0.400	—
	预拌水泥砂浆	m^3	2.460	2.260
	水	m^3	0.740	1.020
机械	干混砂浆罐式搅拌机	台班	0.410	0.570

六、栏　杆

工作内容：预制栏杆成品堆放、场内运输、加固、安装、校正、焊接固定等。　**计量单位**：10m

定额编号				3-43	3-44	3-45
项目				混凝土栏杆安装		
				高度(mm 以内)		
				500	800	1200
名称			单位	消耗量		
人工	合计工日		工日	1.925	2.120	2.310
	其中	普工	工日	0.578	0.636	0.693
		一般技工	工日	1.347	1.484	1.617
		高级技工	工日	—	—	—
材料	预制混凝土栏杆		m	10.500	10.500	10.500
	预拌混凝土		m^3	0.225	0.225	0.225

工作内容：场内运输、放样、定位、安装、校正等。

定额编号				3-46	3-47
项目				金属栏杆安装	塑料栏杆安装
				10m	$100m^2$
名称			单位	消耗量	
人工	合计工日		工日	1.900	17.600
	其中	普工	工日	0.570	15.840
		一般技工	工日	1.330	1.760
		高级技工	工日	—	—
材料	金属栏杆(成品)		m	10.500	—
	塑料栏杆(成品)		m^2	—	105.000
	预拌混凝土		m^3	0.223	—
	电焊条(综合)		kg	0.025	—
	其他材料费		%	—	1.700
机械	交流电焊机 容量30kV·A		台班	0.008	—

七、园林桌椅凳

工作内容：场内运输、安装、调整、固定等。　　**计量单位：**10m

定额编号			3-48	3-49
项目			石质、混凝土条椅(凳)安装	
			有靠背	无靠背
名称		单位	消耗量	
人工	合计工日	工日	0.260	0.217
	其中 普工	工日	0.234	0.195
	其中 一般技工	工日	0.026	0.022
	其中 高级技工	工日	—	—
材料	条椅凳(成品)	m	10.000	10.000
	预拌水泥砂浆	m^3	0.036	0.022
	水	m^3	0.011	0.006
	其他材料费	%	2.000	2.000
机械	干混砂浆罐式搅拌机	台班	0.009	0.005

工作内容：场内运输、安装、调整、固定等。　　**计量单位：**套

定额编号			3-50
项目			石质、混凝土桌凳安装
			一桌四凳
			套
名称		单位	消耗量
人工	合计工日	工日	0.125
	其中 普工	工日	0.114
	其中 一般技工	工日	0.011
材料	桌凳(成品)	套	1.000
	预拌水泥砂浆	m^3	0.106
	水	m^3	0.032
	其他材料费	%	2.000
机械	干混砂浆罐式搅拌机	台班	0.027

工作内容:场内运输、安装、调整、固定等。

计量单位:10m

定额编号				3-51	3-52	3-53	3-54
项目				木条椅(凳)安装		铸铁条椅(凳)安装	
				有靠背	无靠背	有靠背	无靠背
名称			单位	消耗量			
人工	合计工日		工日	0.400	0.320	0.476	0.381
	其中	普工	工日	0.360	0.288	0.428	0.343
		一般技工	工日	0.040	0.032	0.048	0.038
		高级技工	工日	—	—	—	—
材料	木条椅凳(成品)		m	10.000	10.000	—	—
	铸铁椅凳(成品)		m	—	—	10.000	10.000
	其他材料费		%	2.000	2.000	2.000	2.000

工作内容:场内运输、吊装、安装、调整、固定等。

计量单位:$10m^3$

定额编号				3-55
项目				整石座凳安装
名称			单位	消耗量
人工	合计工日		工日	7.934
	其中	普工	工日	7.034
		一般技工	工日	0.900
		高级技工	工日	—
材料	整石座凳(成品)		m^3	10.000
	预拌水泥砂浆		m^3	2.790
	水		m^3	0.840
	其他材料费		%	1.500
机械	汽车式起重机 提升质量5t		台班	4.000

八、其 他 杂 项

工作内容:1.场内运输、调配砂浆及剁纸灰、镶砖边、抹纸盘灰等。
2.场内运输、浇筑基础、回填、安装、钢筋加固绑扎等。 **计量单位:**100m²

定额编号				3-56	3-57
项目				花瓦什锦窗	钢网围墙安装
名称			单位	消耗量	
人工	合计工日		工日	66.610	8.000
	其中	普工	工日	19.980	2.400
		一般技工	工日	39.970	5.600
		高级技工	工日	6.660	—
材料	标准砖 240×115×53		千块	4.380	—
	小青瓦盖瓦 160×160×11		千块	8.710	—
	钢丝网		m^2	—	110.000
	预拌混凝土		m^3	—	1.000
	钢筋 ϕ10 以内		kg	—	60.000
	钢筋 ϕ10 以外		kg	—	90.000
	预拌水泥砂浆		m^3	8.000	—
	预拌水泥石灰砂浆		m^3	11.300	—
	石灰纸筋浆		m^3	0.400	—
	水		m^3	5.790	—
	其他材料费		%	2.000	—
机械	干混砂浆罐式搅拌机		台班	1.790	—

工作内容:挖基坑、铺碎石垫层、混凝土基础浇捣、场内运输、调配砂浆、安装、校正、修面等。

计量单位:10 个

定额编号				3-58	3-59
项目				石球安装	
				直径(mm)	
				≤400	>400
名称			单位	消耗量	
人工	合计工日		工日	3.678	5.271
	其中	普工	工日	1.104	1.582
		一般技工	工日	2.574	3.689
		高级技工	工日	—	—
材料	石球(成品)		个	10.200	10.200
	预拌混凝土		m^3	0.072	0.123
	预拌水泥砂浆		m^3	0.022	0.037
	碎石		m^3	0.130	0.205
	水		m^3	0.006	0.011
	其他材料费		%	1.000	1.000
机械	干混砂浆罐式搅拌机		台班	0.005	0.006

工作内容:挖基坑、铺碎石垫层、混凝土基础浇捣、场内运输、调配砂浆、安装、校正、修面等。

计量单位:10个

定额编号				3-60	3-61	3-62
项目				石灯笼安装		
				300×300×550以内	400×400×650以内	400×400×650以上
名称			单位	消耗量		
人工	合计工日		工日	3.650	4.180	5.083
	其中	普工	工日	1.095	1.254	1.525
		一般技工	工日	2.555	2.926	3.558
		高级技工	工日	—	—	—
材料	石灯笼(成品)		个	10.200	10.200	10.200
	预拌混凝土		m^3	0.123	0.160	0.203
	预拌水泥砂浆		m^3	0.037	0.048	0.061
	碎石		m^3	0.130	0.205	0.253
	水		m^3	0.011	0.014	0.018
	其他材料费		%	1.000	1.000	1.000
机械	干混砂浆罐式搅拌机		台班	0.006	0.008	0.010

工作内容:挖基坑、铺碎石垫层、混凝土基础浇捣、场内运输、调配砂浆、安装、校正、修面等。

计量单位:10个

定额编号				3-63	3-64	3-65
项目				仿石音箱安装		
				250×250×350以内	300×300×450以内	300×300×450以上
名称			单位	消耗量		
人工	合计工日		工日	3.022	3.273	3.917
	其中	普工	工日	0.907	0.982	1.175
		一般技工	工日	2.115	2.291	2.742
		高级技工	工日	—	—	—
材料	仿石音箱(成品)		个	10.200	10.200	10.200
	预拌混凝土		m^3	0.050	0.070	0.130
	预拌水泥砂浆		m^3	0.020	0.030	0.050
	碎石		m^3	0.036	0.048	0.064
	水		m^3	0.006	0.009	0.015
	其他材料费		%	1.000	1.000	1.000
机械	干混砂浆罐式搅拌机		台班	0.003	0.005	0.008

工作内容：挖基坑、铺碎石垫层、混凝土基础浇捣、场内运输、调配砂浆、安装、校正、修面等。

计量单位：10 个

定额编号			3-66	3-67
项目			石花盆安装	
			直径(mm)	
			≤900	≤1200
名称		单位	消耗量	
人工	合计工日	工日	6.741	9.684
	其中 普工	工日	2.022	2.905
	其中 一般技工	工日	4.719	6.779
	其中 高级技工	工日	—	—
材料	石花盆(成品)	个	10.200	10.200
	预拌混凝土	m^3	0.250	0.360
	预拌水泥砂浆	m^3	0.075	0.108
	碎石	m^3	0.365	0.500
	水	m^3	0.023	0.032
	其他材料费	%	1.000	1.000
机械	汽车式起重机 提升质量 5t	台班	1.320	2.400
	干混砂浆罐式搅拌机	台班	0.013	0.018

工作内容：1. 场内运输、定位、校正、安装、螺栓固定、砂浆加固、清扫等。
2. 场内运输、定位、安置等。

计量单位：个

定额编号			3-68	3-69
项目			垃圾桶安装	垃圾桶安置
名称		单位	消耗量	
人工	合计工日	工日	0.120	0.024
	其中 普工	工日	0.084	0.024
	其中 一般技工	工日	0.036	—
	其中 高级技工	工日	—	—
材料	垃圾桶(成品)	个	1.000	1.000
	其他材料费	%	2.000	—

第四章　屋 面 工 程

说 明

一、本章包括景观屋面、屋顶花园基底处理共两节。

二、景观屋面:

1. 稻草屋面按麦草屋面定额项目执行,草屋面设计厚度不同时,材料消耗量可以换算。竹屋面、树皮屋面、木屋面定额项目不包括柱、梁、檩、桷的制作、安装及屋面防水,发生时执行《房屋建筑与装饰工程消耗量定额》TY 01 - 31 - 2015 相应定额项目。

2. 瓦屋面定额项目中瓦的规格尺寸与设计不同时,可以换算。25% < 坡度 ≤45% 及人字形、锯齿形、弧形等不规则瓦屋面,人工乘以系数 1.3;坡度 >45% 时,人工乘以系数 1.43。单个屋面面积 ≤8m^2 时,人工乘以系数 1.3。

3. 椽子上铺设小青瓦,基层执行《房屋建筑与装饰工程消耗量定额》TY 01 - 31 - 2015 相应定额项目。

4. 混凝土亭廊屋面定额项目未设置的基础、梁、柱等执行《房屋建筑与装饰工程消耗量定额》TY 01 - 31 - 2015 相应定额项目。

三、屋顶花园基底处理:

1. 屋顶花园基底处理发生材料二次搬运、超运距搬运时,执行本定额第七章相应定额项目。

2. 屋顶花园基底处理中设计采用耐根穿刺防水卷材时,执行《绿色建筑工程消耗量定额》TY 01 - 01(02) - 2017 相应定额项目。

四、屋面排水、屋面防水执行《房屋建筑与装饰工程消耗量定额》TY 01 - 31 - 2015 相应定额项目。

工程量计算规则

一、景观屋面：

1. 草屋面按设计图示尺寸以斜面计算。

2. 竹屋面按设计图示尺寸以实铺面积计算（不包括柱、梁）。

3. 树皮屋面按设计图示尺寸以屋面结构外围面积计算。

4. 混凝土不带椽屋面板、带椽屋面板、带椽戗翼板（爪角板）、老仔（角）梁工程量按设计图示尺寸以体积计算。

5. 现浇混凝土不带椽屋面板、带椽屋面板、带椽戗翼板（爪角板）、老仔（角）梁模板除另有规定外，按模板与混凝土的接触面积计算。

6. 现浇混凝土亭廊屋面钢筋工程按设计图示钢筋长度乘以单位理论质量计算；钢筋的搭接长度应按设计图示及规范要求计算；设计图示及规范要求未标明搭接长度的，不另计算搭接长度；钢筋的搭接（接头）数量按设计图示及规范要求计算；设计图示及规范要求未标明的，按以下规定计算：$\phi10$ 以内的长钢筋按每 12m 计算一个钢筋搭接（接头），$\phi10$ 以上的长钢筋按每 9m 计算一个钢筋搭接（接头）。

7. 彩钢板、玻璃采光顶屋面按设计图示尺寸以面积计算；不扣除面积$\leq0.3m^2$ 孔洞所占面积。

二、屋顶花园基底处理：

1. 屋面清理、砂浆找平层、保护层、土工布过滤层、保湿毯按设计图示尺寸以面积计算。

2. 滤水层回填陶粒、卵石、轻质土壤，按实铺面积乘以平均厚度以体积计算。

3. 软式透水管以延长米计算。

一、景观屋面

1.草 屋 面

工作内容:整理、选料、放样、选草、场内运输、安放竹檩、铺草、毛竹夹草等。　　**计量单位:**100m²

定额编号				4-1	4-2	4-3
项目				草屋面(mm)		
				麦草厚200	山草厚150	丝茅草厚150
名称			单位	消耗量		
人工	合计工日		工日	185.400	197.800	185.400
	其中	普工	工日	37.080	39.560	37.080
		一般技工	工日	64.890	69.230	64.890
		高级技工	工日	83.430	89.010	83.430
材料	麦草		kg	5000.000	—	—
	山草		kg	—	4000.000	—
	丝茅草		kg	—	—	4000.000
	毛竹		根	236.000	236.000	236.000
	棚箅		kg	150.000	150.000	150.000
	竹箅		kg	13.000	15.000	15.000
	南竹檩 ϕ80~100		根	118.000	118.000	118.000

2.竹 屋 面

工作内容:选料、放样、划线、砍节子、截料、开榫、场内运输、就位、安装校正等。　　**计量单位:**100m²

定额编号				4-4	4-5	4-6
项目				竹屋面		
				檐口直径(cm)		
				5~8	8~10	10以上
名称			单位	消耗量		
人工	合计工日		工日	13.000	13.000	11.000
	其中	普工	工日	2.600	2.600	2.200
		一般技工	工日	4.550	4.550	3.850
		高级技工	工日	5.850	5.850	4.950
材料	竹平均胸径5~8cm		m	1430.000	—	—
	竹平均胸径8~10cm		m	—	1100.000	—
	竹平均胸径10cm以上		m	—	—	990.000
	镀锌铁丝18#~22#		kg	100.000	100.000	100.000
机械	木工圆锯机 直径500mm		台班	0.600	0.600	0.600

3.树皮屋面

工作内容:整理、选料、放样、选树皮、场内运输、铺树皮等。 计量单位:100m²

定额编号			4-7
项目			树皮屋面
名称		单位	消耗量
人工	合计工日	工日	65.710
	其中 普工	工日	13.140
	其中 一般技工	工日	23.000
	其中 高级技工	工日	29.570
材料	树皮	m²	126.000
	松杂板枋材	m³	1.410
	圆钉(综合)	kg	2.000
	氧化铁红	kg	21.000
	107胶	kg	21.000

4.瓦屋面

工作内容:1.固定钉固定、黏结铺瓦、满粘加钉脊瓦、封檐等。

2.场内运输、调配砂浆、铺瓦,修界瓦边、安脊瓦、檐口梢头坐灰,固定、清扫瓦面等。

计量单位:100m²

定额编号			4-8	4-9
项目			油毡瓦	小青瓦
				椽子上铺设
名称		单位	消耗量	
人工	合计工日	工日	5.017	11.463
	其中 普工	工日	1.505	3.438
	其中 一般技工	工日	3.010	6.878
	其中 高级技工	工日	0.502	1.147
材料	多彩油毡瓦 1000×333	块	690.000	—
	小青瓦 200×130	千块	—	15.639
	预拌水泥砂浆	m³	—	0.318
	液化石油气	kg	8.140	—
	油毡钉	kg	6.180	—
	冷底子油 30:70	kg	84.000	—
	水	m³	—	1.060
机械	干混砂浆罐式搅拌机	台班	—	0.420

5. 彩钢板屋面

工作内容：截料，制作、安装铁件，场内运输、吊装屋面板，安装防水堵头，屋脊板等。　**计量单位**：$100m^2$

定额编号				4-10	4-11
项目				檩条或基层混凝土(钢)板面上	
				单层彩钢板	彩钢夹芯板
名称			单位	消耗量	
人工	合计工日		工日	6.560	11.743
	其中	普工	工日	1.968	3.523
		一般技工	工日	3.936	7.046
		高级技工	工日	0.656	1.174
材料	压型彩钢板 δ0.5		m^2	128.263	—
	彩钢夹芯板 δ100		m^2	—	105.000
	彩钢脊瓦		m	4.730	4.730
	铁件(综合)		kg	9.710	9.710
	松杂板枋材		m^3	0.059	0.059
	螺栓(综合)		套	420.000	420.000
	圆钉(综合)		kg	0.070	0.070
	合金钢焊条		kg	4.030	4.030
	铝拉铆钉(综合)		10个	70.000	70.000
机械	交流弧焊机 32kV·A		台班	1.100	1.100
	汽车式起重机 提升质量8t		台班	1.600	1.600

6. 玻璃采光顶屋面

工作内容: 截料,制作、场内运输、安装龙骨支撑,刷防护材料、油漆,安装玻璃,嵌缝,打胶,密封等。

计量单位:$100m^2$

定额编号				4-12	4-13
项目				钢龙骨上安装中空玻璃	钢龙骨上安装钢化玻璃
名称			单位	消耗量	
人工	合计工日		工日	117.179	79.108
	其中	普工	工日	35.154	23.732
		一般技工	工日	70.307	47.465
		高级技工	工日	11.718	7.911
材料	中空玻璃		m^2	107.000	—
	钢化玻璃 δ5		m^2	—	109.170
	T型钢 25×25		kg	20.780	294.280
	扁钢 100×10		kg	76.860	54.580
	扁钢 5		kg	39.965	283.800
	槽钢 63×40×4.8		kg	1966.300	460.820
	带帽六角螺栓 M12 以外		kg	4.510	3.280
	镀锌铁皮脊瓦 26″		m^2	1.000	—
	建筑油膏		kg	89.260	—
	圆钉(综合)		kg	1.400	—
	橡胶垫片 25		m	64.660	—
	橡胶条(大)		m	161.640	—
	橡胶条(小)		m	161.640	—
	铁件(综合)		kg	74.650	—
	无光调和漆		kg	38.440	13.260
	橡胶垫片 宽 250		m	104.740	45.910
	铁钩		kg	—	26.920
	熟机油		kg	—	6.700

7. 木(防腐木)屋面

工作内容:整理、选料、场内运输、放样、截料、平铺、搭接等。　　计量单位:100m²

定额编号				4-14	4-15
项目				屋面(板厚50mm)	
				平铺	搭接
名称			单位	消耗量	
人工	合计工日		工日	59.000	68.000
	其中	普工	工日	11.800	13.600
		一般技工	工日	20.650	23.800
		高级技工	工日	26.550	30.600
材料	防腐木		m^2	113.000	146.900
	镀锌机螺钉(6~12)×(12~200)		个	4080.000	4900.000
机械	木工圆锯机 直径500mm		台班	0.980	1.130

8.现浇混凝土亭廊屋面

(1)混　凝　土

工作内容:人工垂直运输、浇筑、振捣、养护等。

计量单位:10m³

定额编号			4-16	4-17	4-18	4-19
项目			不带椽屋面板	带椽屋面板	带椽戗翼板(爪角板)	老仔(角)梁
名称		单位	消耗量			
人工	合计工日	工日	4.209	18.093	20.843	16.463
人工	其中 普工	工日	1.263	5.428	6.253	4.939
人工	其中 一般技工	工日	2.525	10.856	12.506	9.878
人工	其中 高级技工	工日	0.421	1.809	2.084	1.646
材料	预拌混凝土	m^3	10.100	10.100	10.100	10.100
材料	塑料薄膜	m^2	80.346	82.770	85.199	85.199
材料	水	m^3	3.030	3.030	3.030	3.030
材料	电	kW·h	1.500	1.500	1.500	1.500

(2)模　　板

工作内容:模板制作、安装、拆除、整理堆放、场内运输、清理模板粘接物及杂物、刷隔离剂等。

计量单位:100m²

定额编号			4-20	4-21	4-22	4-23
项目			不带椽屋面板	带椽屋面板	带椽戗翼板(爪角板)	老仔(角)梁
名称		单位	消耗量			
人工	合计工日	工日	23.864	32.916	37.852	42.790
人工	其中 普工	工日	7.159	9.875	11.356	12.837
人工	其中 一般技工	工日	14.319	19.749	22.711	25.674
人工	其中 高级技工	工日	2.386	3.292	3.785	4.279
材料	复合模板	m^2	30.862	36.767	36.767	36.767
材料	木支撑	m^3	0.731	0.600	0.600	0.600
材料	铁件(综合)	kg	7.970	7.970	7.970	7.970
材料	松杂板枋材	m^3	0.453	0.544	0.544	0.544
材料	塑料胶布带 20mm×50m	卷	4.500	4.000	4.000	4.000
材料	圆钉(综合)	kg	1.213	1.150	1.150	1.150
材料	隔离剂	kg	10.000	10.000	10.000	10.000
机械	木工圆锯机 直径500mm	台班	0.083	0.902	0.902	0.902
机械	载货汽车 装载质量6t	台班	0.115	0.115	0.115	0.115

(3)钢　筋

工作内容:钢筋制作、场内运输、绑扎、安装等。

计量单位:t

<table>
<tr><td colspan="3">定额编号</td><td>4-24</td><td>4-25</td></tr>
<tr><td colspan="3" rowspan="2">项目</td><td colspan="2">钢筋 HPB300</td></tr>
<tr><td>直径≤10mm</td><td>直径＞10mm</td></tr>
<tr><td colspan="2">名称</td><td>单位</td><td colspan="2">消耗量</td></tr>
<tr><td rowspan="4">人工</td><td>合计工日</td><td>工日</td><td>9.606</td><td>6.489</td></tr>
<tr><td>其中 普工</td><td>工日</td><td>2.882</td><td>1.947</td></tr>
<tr><td>其中 一般技工</td><td>工日</td><td>5.763</td><td>3.893</td></tr>
<tr><td>其中 高级技工</td><td>工日</td><td>0.961</td><td>0.649</td></tr>
<tr><td rowspan="3">材料</td><td>螺纹钢筋 ϕ10 以内</td><td>t</td><td>1.020</td><td>1.025</td></tr>
<tr><td>镀锌铁丝 18#～22#</td><td>kg</td><td>8.910</td><td>3.456</td></tr>
<tr><td>电焊条(综合)</td><td>kg</td><td>—</td><td>4.560</td></tr>
<tr><td rowspan="6">机械</td><td>钢筋调直机 直径 40mm</td><td>台班</td><td>0.240</td><td>0.080</td></tr>
<tr><td>钢筋切断机 直径 40mm</td><td>台班</td><td>0.110</td><td>0.090</td></tr>
<tr><td>钢筋弯曲机 直径 40mm</td><td>台班</td><td>0.350</td><td>0.230</td></tr>
<tr><td>直流弧焊机 功率 32kV·A</td><td>台班</td><td>—</td><td>0.440</td></tr>
<tr><td>对焊机 容量 75kV·A</td><td>台班</td><td>—</td><td>0.090</td></tr>
<tr><td>电焊条烘干箱 容积 450×350×450</td><td>台班</td><td>—</td><td>0.038</td></tr>
</table>

二、屋顶花园基底处理

工作内容：1. 屋面清理：清洗、垃圾渣土集中等。
2. 砂浆找平层、保护层：放样、清理基层、场内运输、调配砂浆、抹找平层、保护层、养护等。

计量单位：100m²

定额编号				4-26	4-27	4-28	4-29
项目				屋面清理	水泥砂浆找平层		水泥砂浆保护层
					平面 20mm	每增减 1mm	
名称			单位	消耗量			
人工	合计工日		工日	2.300	9.000	1.950	8.800
	其中	普工	工日	2.300	1.800	0.390	1.760
		一般技工	工日	—	3.150	0.680	3.080
		高级技工	工日	—	4.050	0.880	3.960
材料	预拌水泥砂浆		m³	—	2.200	1.020	2.200
	防水剂		kg	—	5.600	—	—
	107 胶		kg	—	—	—	105.000
	水		m³	—	0.660	0.306	0.660
	电		kW·h	11.770	—	—	—
机械	干混砂浆罐式搅拌机		台班	—	0.360	0.170	0.360

工作内容：场内运输、物料回填、平整等。

定额编号				4-30	4-31	4-32	4-33
项目				滤水层			
				回填卵石	回填陶粒	土工布过滤层	保湿毯
				10m³		100m²	
名称			单位	消耗量			
人工	合计工日		工日	4.502	2.219	1.224	1.469
	其中	普工	工日	4.502	2.219	0.368	0.442
		一般技工	工日	—	—	0.734	0.881
		高级技工	工日	—	—	0.122	0.146
材料	卵石		t	18.992	—	—	—
	陶粒		m³	—	10.500	—	—
	土工布 250g/m²		m²	—	—	111.520	—
	保湿毯 500g		m²	—	—	—	112.200
	圆钉(综合)		kg	—	—	1.090	—

工作内容:场内运输、物料回填、平整等。

计量单位:10m³

定额编号				4-34
项目				回填轻质土壤
名称			单位	消耗量
人工	合计工日		工日	5.000
	其中	普工	工日	5.000
		一般技工	工日	—
		高级技工	工日	—
材料	轻质种植土壤		m^3	11.600

工作内容:场内运输、基层清理,排水板铺设、安装等。

计量单位:100m²

定额编号				4-35	4-36	4-37
项目				排水板安装		
				块料式	卷材式	锁扣式
名称			单位	消耗量		
人工	合计工日		工日	3.900	1.900	1.000
	其中	普工	工日	1.170	0.570	0.300
		一般技工	工日	2.340	1.140	0.600
		高级技工	工日	0.390	0.190	0.100
材料	块料式排水板		m^2	111.100	—	—
	卷材式排水板		m^2	—	111.100	—
	锁扣式排水板		m^2	—	—	120.000

工作内容：场内运输、与主管连接、水泥砂浆固定等。 **计量单位**：10m

定额编号				4-38	4-39	4-40	4-41	4-42
项目				软式透水管安装				
				ϕ50	ϕ80	ϕ100	ϕ150	ϕ200
名称			单位	消耗量				
人工	合计工日		工日	0.500	0.700	0.900	1.100	1.300
	其中	普工	工日	0.150	0.210	0.270	0.330	0.390
		一般技工	工日	0.300	0.420	0.540	0.660	0.780
		高级技工	工日	0.050	0.070	0.090	0.110	0.130
材料	预拌水泥砂浆		m^3	0.005	0.007	0.010	0.011	0.015
	软式透水管		m	11.000	11.000	11.000	11.000	11.000
机械	干混砂浆罐式搅拌机		台班	0.001	0.002	0.003	0.004	0.005

第五章　喷泉及喷灌工程

说　明

一、本章包括喷泉喷头安装，喷灌喷头安装，立体花坛喷头、滴灌、渗灌管安装三节。

二、本章项目仅为园林绿化工程中特设安装项目。其他安装项目执行《通用安装工程消耗量定额》TY 02 - 31 - 2015 相应定额项目。

三、蒲公英喷头安装不含立管安装。

工程量计算规则

一、喷泉喷头安装按设计图示以“套”计算。

二、喷灌喷头安装按设计图示以“套”或“个”计算。

三、立体花坛喷头、滴灌、渗灌管安装：

1. 立体花坛喷头(滴箭组)安装按设计图示以“套”计算。

2. 渗灌管安装按设计图示尺寸以延长米计算。

3. 立体花坛骨架内埋设及安装 PE 管按设计图示尺寸以延长米计算。

4. 给水管混凝土固筑按设计图示以“处”计算，填砂按设计图示尺寸以体积计算。

一、喷泉喷头安装

1.喷泉喷头(螺纹连接)

工作内容:场内运输、外观检查、清污、喷头安装等。　　**计量单位:**套

定额编号				5-1	5-2	5-3	5-4
项目				喷泉喷头(螺纹连接)			
				*DN*20	*DN*25	*DN*32	*DN*40
名称			单位	消耗量			
人工	合计工日		工日	0.072	0.091	0.116	0.127
	其中	普工	工日	0.018	0.023	0.029	0.032
		一般技工	工日	0.047	0.059	0.075	0.082
		高级技工	工日	0.007	0.009	0.012	0.013
材料	喷头		套	1.000	1.000	1.000	1.000
	镀锌活接头		个	1.010	1.010	1.010	1.010
	聚四氟乙烯生料带 宽20		m	0.754	0.942	1.006	1.507
	机油(综合)		kg	0.005	0.005	0.006	0.008
	其他材料费		%	3.000	3.000	3.000	3.000

工作内容:场内运输、外观检查、清污、喷头安装等。　　**计量单位:**套

定额编号				5-5	5-6	5-7
项目				喷泉喷头(螺纹连接)		
				*DN*50	*DN*65	*DN*80
名称			单位	消耗量		
人工	合计工日		工日	0.152	0.191	0.281
	其中	普工	工日	0.038	0.048	0.070
		一般技工	工日	0.099	0.124	0.183
		高级技工	工日	0.015	0.019	0.028
材料	喷头		套	1.000	1.000	1.000
	镀锌活接头		个	1.010	1.010	1.010
	聚四氟乙烯生料带 宽20		m	1.884	2.355	2.944
	机油(综合)		kg	0.010	0.013	0.016
	其他材料费		%	3.000	3.000	3.000

2.喷泉喷头(法兰连接)

工作内容:场内运输、外观检查、清污、法兰垫制作安装、喷头及法兰盘安装、紧螺栓等。 **计量单位:**套

	定额编号		5-8	5-9	5-10
	项目		喷泉喷头(法兰连接)		
			*DN*65	*DN*80	*DN*100
	名称	单位	消耗量		
人工	合计工日	工日	0.245	0.300	0.396
人工	其中 普工	工日	0.061	0.075	0.099
人工	其中 一般技工	工日	0.159	0.195	0.257
人工	其中 高级技工	工日	0.025	0.030	0.040
材料	法兰喷头	套	1.000	1.000	1.000
材料	平焊法兰(1.6MPa 以下)	片	1.000	1.000	1.000
材料	镀锌六角螺栓带螺母、垫圈 M16×(85~140)	套	4.120	8.240	8.240
材料	电焊条(综合)	kg	0.106	0.123	0.157
材料	石棉橡胶板	kg	0.114	0.154	0.199
材料	机油(综合)	kg	0.035	0.041	0.049
材料	破布	kg	0.012	0.013	0.014
材料	尼龙砂轮片 ϕ100	片	0.045	0.052	0.063
材料	电	kW·h	0.029	0.034	0.043
材料	其他材料费	%	3.000	3.000	3.000
机械	电焊机(综合)	台班	0.045	0.052	0.067
机械	电焊条烘干箱 容积 600×500×750	台班	0.005	0.005	0.007
机械	电焊条恒温箱	台班	0.005	0.005	0.007

工作内容：场内运输、外观检查、清污、法兰垫制作安装、喷头及法兰盘安装、紧螺栓等。　**计量单位**：套

定额编号				5-11	5-12	5-13
项目				喷泉喷头(法兰连接)		
				*DN*125	*DN*150	*DN*200
名称			单位	消耗量		
人工	合计工日		工日	0.565	0.600	0.911
	其中	普工	工日	0.141	0.150	0.228
		一般技工	工日	0.367	0.390	0.592
		高级技工	工日	0.057	0.060	0.091
材料	法兰喷头		套	1.000	1.000	1.000
	平焊法兰(1.6MPa 以下)		片	1.000	1.000	1.000
	镀锌六角螺栓带螺母、垫圈 M16×(85~140)		套	8.240	—	—
	镀锌六角螺栓带螺母、垫圈 M20×(85~100)		套	—	8.240	12.360
	电焊条(综合)		kg	0.190	0.247	0.556
	石棉橡胶板		kg	0.275	0.326	0.376
	机油(综合)		kg	0.051	0.063	0.066
	破布		kg	0.015	0.017	0.018
	尼龙砂轮片 ϕ100		片	0.087	0.110	0.150
	电		kW·h	0.047	0.061	0.138
	其他材料费		%	3.000	3.000	3.000
机械	电焊机(综合)		台班	0.073	0.095	0.213
	电焊条烘干箱 容积 600×500×750		台班	0.008	0.010	0.022
	电焊条恒温箱		台班	0.008	0.010	0.022

3. 蒲公英喷头

工作内容：场内运输、外观检查、清污、组装等。 **计量单位**：套

定额编号				5-14	5-15	5-16	5-17
项目				29 根杆	43 根杆	85 根杆	105 根杆
名称			单位	消耗量			
人工	合计工日		工日	0.600	0.729	0.881	1.009
	其中	普工	工日	0.150	0.182	0.220	0.252
		一般技工	工日	0.390	0.474	0.573	0.656
		高级技工	工日	0.060	0.073	0.088	0.101
材料	蒲公英喷头		套	1.000	1.000	1.000	1.000
	镀锌活接头 *DN*20		个	1.010	—	—	—
	镀锌活接头 *DN*40		个	—	1.010	—	—
	镀锌活接头 *DN*50		个	—	—	1.010	—
	镀锌活接头 *DN*80		个	—	—	—	1.010
	聚四氟乙烯生料带 宽 20		m	0.942	1.507	1.884	3.015
	机油(综合)		kg	0.005	0.008	0.011	0.016
	其他材料费		%	3.000	3.000	3.000	3.000

二、喷灌喷头安装

1.喷 灌 喷 头

工作内容:场内运输、外观检查、喷头安装、调试等。

计量单位:个

定额编号			5-18	5-19
项目			喷头	
			埋藏旋转、散射	换向摇臂式
名称		单位	消耗量	
人工	合计工日	工日	0.029	0.039
	其中 普工	工日	0.007	0.010
	其中 一般技工	工日	0.019	0.025
	其中 高级技工	工日	0.003	0.004
材料	可调喷头	套	1.000	1.000
	UPVC 管件	个	1.000	1.000
	UPVC 管箍	个	2.000	2.000
	其他材料费	%	3.000	3.000

工作内容:场内运输、外观检查、清污除锈、立管安装、调试等。

计量单位:个

定额编号			5-20	5-21	5-22
项目			固定式喷灌立管		
			高(m)		
			6	8	12
名称		单位	消耗量		
人工	合计工日	工日	1.711	2.412	4.104
	其中 普工	工日	0.428	0.603	1.026
	其中 一般技工	工日	1.112	1.568	2.668
	其中 高级技工	工日	0.171	0.241	0.410
材料	镀锌钢管 *DN*25	m	1.000	1.000	1.000
	镀锌钢管 *DN*32	m	1.500	1.500	2.000
	镀锌钢管 *DN*40	m	1.500	1.500	3.000
	镀锌钢管 *DN*50	m	2.000	2.000	3.000
	镀锌钢管 *DN*65	m	—	2.000	3.000
	泄水阀	个	1.000	1.000	1.000
	法兰闸阀 *DN*50	个	1.000	1.000	1.000
	法兰 *DN*50	片	2.000	2.000	2.000
	预拌混凝土	m^3	0.120	0.120	0.150
	手孔井	座	1.000	1.000	1.000
	其他材料费	%	3.000	3.000	3.000

2. 根部灌水器

工作内容：场内运输、外观检查、安装、调试等。 计量单位：套

定额编号			5-23
项目			根部灌水器(树笼)
名称		单位	消耗量
人工	合计工日	工日	0.034
	其中 普工	工日	0.009
	其中 一般技工	工日	0.022
	其中 高级技工	工日	0.003
材料	根部灌水器(ϕ100mm×L915mm)	套	1.000
	陶粒	m^3	0.007
	土工布	m^2	0.023
	丝接件	个	1.000
	其他材料费	%	3.000

3. 微喷及千秋架

工作内容：场内运输、外观检查、打孔、安装快速接头、支撑杆安装七件套喷头、安装千秋架等。 计量单位：套

定额编号			5-24	5-25	5-26	5-27
项目			微喷	千秋架		
				ϕ20	ϕ25	ϕ32
名称		单位	消耗量			
人工	合计工日	工日	0.011	0.020	0.025	0.029
	其中 普工	工日	0.003	0.005	0.006	0.007
	其中 一般技工	工日	0.007	0.013	0.016	0.019
	其中 高级技工	工日	0.001	0.002	0.003	0.003
材料	微喷七件套	套	1.000	—	—	—
	千秋架	套	—	1.000	1.000	1.000
	快速接头	个	1.000	—	—	—
	支撑杆	个	1.000	—	—	—
	其他材料费	%	3.000	3.000	3.000	3.000

三、立体花坛喷头、滴灌、渗灌管安装

1. 立体花坛喷头

工作内容：场内运输、外观检查、切管、喷头安装等。

计量单位：套

定额编号				5-28	5-29
项目				地表可调喷头	立体轻雾喷头
名称			单位	消耗量	
人工	合计工日		工日	0.056	0.027
	其中	普工	工日	0.014	0.007
		一般技工	工日	0.036	0.017
		高级技工	工日	0.006	0.003
材料	可调喷头		套	1.000	—
	微喷七件套		套	—	1.000
	直通 φ4		个	—	1.010
	UPVC 软管 φ4		m	—	0.515
	其他材料费		%	3.000	3.000

2. 立体花坛滴箭组

工作内容：场内运输、外观检查、切管、打孔、引管安装、滴箭组分插花盆安装等。

计量单位：套

定额编号				5-30	5-31
项目				5 通滴箭组	16 通滴箭组
名称			单位	消耗量	
人工	合计工日		工日	0.049	0.099
	其中	普工	工日	0.012	0.025
		一般技工	工日	0.032	0.064
		高级技工	工日	0.005	0.010
材料	5 通滴箭组		套	1.000	—
	集速式 16 通滴箭组		套	—	1.000
	直通 φ4		个	1.010	1.010
	UPVC 软管 φ4		m	1.020	1.020
	其他材料费		%	3.000	3.000

3.渗 灌 管

工作内容:场内运输、外观检查、切管、打孔、引管安装、稳流器安装等。 计量单位:m

定额编号				5-32
项目				渗灌管
名称			单位	消耗量
人工	合计工日		工日	0.080
	其中	普工	工日	0.020
		一般技工	工日	0.052
		高级技工	工日	0.008
材料	渗灌管		m	1.030
	管件		个	4.040
	UPVC 软管 $\phi 4$		m	0.618
	尼龙扎带 $L=100cm$		根	3.030
	其他材料费		%	3.000

注:稳流器数量按设计要求确定。

4. 立体花坛骨架内埋设及安装 PE 管

工作内容：场内运输、外观检查、切管、立体骨架中预埋管线、安装固定、上管件、调直、管道安装、水压试验等。

计量单位：m

定额编号				5-33	5-34	5-35	5-36
项目				公称直径(mm 以内)			
				20	25	32	40
名称			单位	消耗量			
人工	合计工日		工日	0.143	0.152	0.162	0.171
	其中	普工	工日	0.036	0.038	0.041	0.043
		一般技工	工日	0.093	0.099	0.105	0.111
		高级技工	工日	0.014	0.015	0.016	0.017
材料	PE 管		m	1.020	1.020	1.020	1.020
	PE 管件		个	1.326	1.326	1.326	1.326
	尼龙扎带 $L=100$cm		根	1.010	1.010	1.010	1.010
	粘接剂		kg	0.058	0.061	0.064	0.067
	铁砂布		张	0.005	0.006	0.007	0.008
	丙酮		kg	0.002	0.002	0.023	0.026
	锯条		条	0.033	0.048	0.063	0.078
	橡胶管 $\delta 1\sim3$		kg	0.005	0.006	0.007	0.008
	橡胶软管 $\phi 20$		m	0.007	0.007	0.007	0.007
	弹簧压力表 Y-100 0～1.6MPa		块	0.002	0.002	0.002	0.002
	弹簧弯管 $DN15$		个	0.002	0.002	0.002	0.002
	其他材料费		%	2.000	2.000	2.000	2.000
机械	试压泵 压力 3MPa		台班	0.001	0.001	0.001	0.001

5. 给水管固筑

工作内容：1. 混凝土：清理基层、浇筑、振捣、养护等。

2. 填砂：清理基层、场内运输、找平等。

定额编号				5-37	5-38	5-39
项目				给水管固筑		
				混凝土		填砂
				管径(mm以内)		
				*DN*75	*DN*100	
				处		$10m^3$
名称			单位	消耗量		
人工	合计工日		工日	0.010	0.010	2.600
	其中	普工	工日	0.004	0.004	1.040
		一般技工	工日	0.006	0.006	1.560
		高级技工	工日	—	—	—
材料	预拌混凝土		m^3	0.034	0.060	—
	砂子		m^3	—	—	10.150
	其他材料费		%	2.000	2.000	2.000

第六章　边坡绿化生态修复工程

说 明

一、本章包括边坡清理,边坡喷播植草,挂网,喷厚层基材灌木护坡,生态袋边坡绿化共五节。

二、边坡喷播植草、挂网、喷厚层基材灌木护坡、生态袋边坡绿化定额项目不含锚杆、锚索、排水设施,发生时执行《市政工程消耗量定额》ZYA 1－31－2015 相应定额项目。

三、边坡喷播植草、喷厚层基材灌木护坡定额项目基质厚度按下表考虑,遇基质厚度不同时,相应调整种植基质的消耗量。

基质厚度表

序号	项 目 名 称	定额基质厚度(cm)
1	土质边坡喷播	8
2	石质边坡喷播	10
3	喷厚层基材灌木护坡(植生格)	6
4	喷厚层基材灌木护坡(T 型植生板)	6

四、生态袋边坡绿化提升高度按地面标高至完成坡顶标高 8m 为界,超过 8m 时,超出部分按下表系数分段调整。

生态袋边坡绿化提升高度调整系数表

项 目	人 工	起 重 机 械
提升高度 H(m)	消耗量系数	消耗量系数
$8 < H \leq 15$	1.1	1.25
$15 < H \leq 22$	1.25	1.6
$H > 22$	1.5	2

五、生态袋边坡绿化种植基质配合比与定额不同时可以调整。

六、边坡绿化生态修复工程用洒水车浇水时,执行本定额"第一章绿化工程"相应定额项目乘以系数 1.2。

七、边坡绿化生态修复栽植工程养护执行本定额"第一章绿化工程"相应定额项目。

工程量计算规则

一、边坡清理、边坡喷播植草、挂网、喷厚层基材灌木护坡按设计图示尺寸以外围展开面积计算。

二、生态袋边坡绿化按设计图示尺寸以体积计算。

一、边 坡 清 理

工作内容：清理、排除坡面松石等。　　**计量单位**：100m²

定额编号				6-1
项目				边坡、平台修整
名称			单位	消耗量
人工	合计工日		工日	0.838
	其中	普工	工日	0.587
		一般技工	工日	0.251
		高级技工	工日	—
机械	履带式反铲单斗挖掘机(液压)斗容量1.0m³		台班	0.433

二、边坡喷播植草

工作内容：场内运输、种籽拌和、喷(撒)播草籽、补播草籽、盖无纺布、洒水养护等。　　**计量单位**：100m²

定额编号				6-2	6-3	6-4
项目				土质边坡喷播		
				坡度30°~45°	坡度45°~60°	坡度>60°
名称			单位	消耗量		
人工	合计工日		工日	2.300	2.540	2.790
	其中	普工	工日	0.460	0.510	0.560
		一般技工	工日	1.840	2.030	2.230
		高级技工	工日	—	—	—
材料	种子(综合)		kg	2.800	3.400	4.130
	种植土		m³	8.800	9.200	9.600
	无纺布		m²	110.000	110.000	110.000
	保水剂		kg	1.600	1.600	1.600
	粘接剂		kg	0.140	0.170	0.170
	水		m³	9.460	10.300	11.200
	其他材料费		%	1.500	1.500	1.500
机械	喷播机 扬程30m		台班	0.120	0.130	0.140

工作内容：场内运输、种籽拌和、喷(撒)播草籽、补播草籽、盖无纺布、洒水养护等。 **计量单位：**100m²

定额编号				6-5	6-6	6-7
项目				石质边坡客土喷播		
				坡度30°~45°	坡度45°~60°	坡度>60°
名称			单位	消耗量		
人工	合计工日		工日	16.800	18.480	20.330
	其中	普工	工日	3.360	3.700	4.070
		一般技工	工日	13.440	14.780	16.260
		高级技工	工日	—	—	—
材料	种子(综合)		kg	3.640	4.370	4.370
	种植土		m³	11.000	11.500	12.000
	无纺布		m²	110.000	110.000	110.000
	保水剂		kg	2.000	2.000	2.000
	粘接剂		kg	2.000	2.000	2.000
	草泥炭		kg	18.000	18.000	18.000
	木纤维		kg	25.000	25.000	25.000
	土壤改良剂		kg	0.500	0.500	0.500
	水		m³	11.830	12.870	14.000
	其他材料费		%	1.500	1.500	1.500
机械	喷播机 扬程30m		台班	0.330	0.330	0.330

三、挂 网

工作内容：场内运输、吊装、铺设、绑扎、张拉、固定等。 **计量单位：**100m²

定额编号				6-8	6-9
项目				挂网	
				镀锌铁丝网	三维网
名称			单位	消耗量	
人工	合计工日		工日	2.000	1.600
	其中	普工	工日	0.600	0.500
		一般技工	工日	1.400	1.100
		高级技工	工日	—	—
材料	镀锌钢丝网		m²	105.000	—
	三维网		m²	—	105.000
	镀锌铁丝 8#~12#		kg	2.000	—
	铁件(U形钉)		kg	2.500	2.500

四、喷厚层基材灌木护坡

工作内容:1. 场内运输、打孔、埋设锚固件、安装植生格或T形植生板,挂网、张拉、固定等。
2. 场内运输、采筛种植土、混合基质拌合、运输、喷播、种子喷播、盖遮阳网等。

计量单位:$100m^2$

定额编号				6-10	6-11
项目				植生格	T形植生板
名称			单位	消耗量	
人工	合计工日		工日	30.500	30.300
	其中	普工	工日	9.200	9.100
		一般技工	工日	21.300	21.200
		高级技工	工日	—	—
材料	植生格		m^2	63.700	—
	T形植生板		m^3	—	1.700
	种子(综合)		kg	4.400	4.400
	种植土		m^3	2.600	2.600
	遮阳网		m^2	110.000	110.000
	木纤维		kg	170.500	170.500
	植物屑		kg	253.000	253.000
	灌木护坡添加剂		kg	18.600	18.600
	肥料		kg	5.800	5.800
	药剂		kg	0.100	0.100
	铁钉		kg	—	1.800
	镀锌铁丝22#		kg	0.200	0.400
	锚固件		kg	240.500	97.000
	炭泥土		kg	429.000	429.000
	水		m^3	11.900	11.900
机械	风动凿岩机 手持式		台班	1.300	0.700
	喷播机 扬程30m		台班	0.300	0.300
	碎土机		台班	0.200	0.200

五、生态袋边坡绿化

工作内容:场内运输、种植土拌合、装袋,安装连接扣,堆置,码放,踏实,加固等。 **计量单位:**$10m^3$

定额编号				6-12
项目				生态袋
名称			单位	消耗量
人工	合计工日		工日	15.440
	其中	普工	工日	4.630
		一般技工	工日	10.810
		高级技工	工日	—
材料	生态袋 33×60×15		条	336.700
	种植土		m^3	9.300
	有机质料		kg	35.800
	肥料		kg	1.700
	药剂		kg	2.080
	链接扣		个	336.700
	水		m^3	11.700
	其他材料费		%	1.500
机械	汽车式起重机 提升质量25t		台班	0.280

第七章　措 施 项 目

说　明

一、本章包括树木支撑，草绳缠干，搭设遮荫棚，搭设防寒棚，树体输液，树干涂白，栽植基础处理，脚手架，园建材料二次搬运，围堰共十节。

二、绿化工程措施项目：

1. 本章搭设遮荫（防寒）棚是以单层网考虑，若搭设双层网，人工乘以系数 1.2，材料（遮荫网、防寒膜）乘以系数 2。单株灌木的遮荫（防寒）按展开面积，执行片植灌木遮荫（防寒）定额项目。

2. 加施基肥、枝根消毒、生根催芽、树体输液等项目，按设计要求或施工组织设计执行相应定额项目。

3. 绿化工程措施项目，实际施工与定额所列材料不同时，按施工组织设计或专项施工方案的要求另行计算。

三、脚手架：

1. 脚手架措施项目指施工需要的脚手架搭、拆、运输及脚手架摊销的工料消耗。

2. 钢管脚手架定额项目已包括斜道及拐弯平台搭设。

3. 砌筑物高度超过 1.2m 时可计算脚手架搭拆费用。

4. 堆砌（塑）假山脚手架执行单、双排脚手架定额项目。

5. 亭廊脚手架（综合脚手架）定额项目中包括装饰、混凝土浇捣用脚手架。

6. 桥支架不包括底模及地基加固。

7. 脚手架定额项目不能满足施工需要时，执行《房屋建筑与装饰工程消耗量定额》TY 01－31－2015 相应定额项目。

四、园建材料二次搬运、超运距搬运：

园建材料二次搬运、超运距搬运分为人工搬运及人力车搬运，园建材料发生人工搬运，100m＜水平运距≤500m 时，执行相应定额项目；500m＜水平运距≤1000m 时，执行相应定额项目人工乘以系数1.2；水平运距＞1000m 时，执行相应定额项目人工乘以系数 1.5。

五、围堰工程：

1. 围堰工程定额项目仅列袋装围堰筑堤、打木桩钎，其他形式围堰执行《市政工程消耗量定额》ZYA 1－31－2015 相应定额项目。

2. 袋装围堰筑堤定额项目，纤维袋规则尺寸与定额项目不同时，可调整纤维袋消耗量，其他不变。

工程量计算规则

一、绿化工程措施项目：

1. 木质支撑棒、预制钢筋混凝土桩按不同的支撑形式以“株”计算。

2. 草绳缠树干，按乔木胸径及缠干高度以“株”计算。

3. 搭设无支撑遮荫棚按以下规定计算：

(1)乔木按乔木高度以“株”计算；

(2)露地花卉、地被、片植灌木按搭设高度以水平投影面积计算。

4. 钢管支撑遮荫(防寒)棚按外围覆盖层展开尺寸以面积计算。

5. 加施基肥：乔木、单株灌木、棕榈、散生竹、攀缘植物以“株”计算；丛生竹以“丛”计算，片植灌木、成片绿篱、地被、草坪以面积计算；单双排绿篱以延长米计算。

6. 生根催芽、枝根消毒：乔木、单株灌木、棕榈、散生竹以“株”计算。

7. 土壤消毒以土壤体积计算。

8. 树体输液以“组”(一个输液袋加一套或多套管线为一组)计算。

二、脚手架：

1. 脚手架工程量按墙面水平边线长度乘以墙面砌筑高度以面积计算。

2. 独立柱按设计图示尺寸，以结构外围周长另加 3.6m 乘以高度以面积计算。

3. 堆砌(塑)假山脚手架按外围水平投影最大矩形周长乘以堆砌(塑)高度以面积计算。

4. 亭廊脚手架(综合脚手架)按设计图示尺寸的结构外围水平面积计算。

5. 桥支架体积为结构底到原地面(水上支架为水上支架平台顶面)平均高度乘以纵向距离再乘以(桥宽 +2)m 计算。

三、园建材料二次搬运、超运距搬运：

1. 园建材料二次搬运、超运距搬运按园建材料的质量或体积计算。

2. 袋水泥、袋石灰、钢筋等按质量计算；标准砖、石料、砂、种植土等以体积计算；砂浆、混凝土构件以实体积计算。

四、围堰：

1. 袋装围堰筑堤按设计图示尺寸以体积计算。

2. 打木桩钎以“组”计算，每 5 根木桩钎为一组。

一、树 木 支 撑

工作内容：场内运输、制桩、运桩、打桩、绑桩、维护等。　　　　**计量单位：**株

定额编号				7-1	7-2	7-3
项目				树棍桩		
				四脚桩	三脚桩	长单桩
名称			单位	消耗量		
人工	合计工日		工日	0.080	0.060	0.040
	其中	普工	工日	0.024	0.018	0.012
		一般技工	工日	0.056	0.042	0.028
		高级技工	工日	—	—	—
材料	树(竹)棍长≤2.2m		根	4.000	3.000	—
	树(竹)棍长>2.2m		根	—	—	1.000
	其他材料费		%	1.500	1.500	1.500

工作内容：场内运输、制桩、运桩、打桩、绑桩、维护等。　　　　**计量单位：**株

定额编号				7-4	7-5
项目				树棍桩	
				短单桩	铅丝吊桩
名称			单位	消耗量	
人工	合计工日		工日	0.020	0.070
	其中	普工	工日	0.006	0.021
		一般技工	工日	0.014	0.049
		高级技工	工日	—	—
材料	树(竹)棍长≤2.2m		根	1.000	—
	木桩		根	—	3.000
	其他材料费		%	1.500	1.500

工作内容：场内运输、制桩、运桩、打桩、绑桩、维护等。 **计量单位**：株

定额编号				7-6	7-7	7-8
项目				预制钢筋混凝土桩		
				长单桩	短单桩	扁担桩
名称			单位	消耗量		
人工	合计工日		工日	0.120	0.100	0.150
	其中	普工	工日	0.036	0.030	0.045
		一般技工	工日	0.084	0.070	0.105
		高级技工	工日	—	—	—
材料	预制钢筋混凝土长桩 2200×120×100		根	1.000	—	—
	预制钢筋混凝土短桩 1500×100×100		根	—	1.000	—
	扁担桩 2200×80×80		根	—	—	1.000
	其他材料费		%	1.500	1.500	1.500

二、草绳缠干

工作内容：场内运输、绕干、余料清理、养护后期清理等。 **计量单位**：株

定额编号				7-9	7-10	7-11	7-12
项目				草绳缠干			
				胸径≤6cm/干径≤8cm		胸径≤10cm/干径≤12cm	
				缠干高度(m)			
				≤1.5	>1.5	≤1.5	>1.5
名称			单位	消耗量			
人工	合计工日		工日	0.045	0.052	0.060	0.069
	其中	普工	工日	0.014	0.016	0.018	0.021
		一般技工	工日	0.031	0.036	0.042	0.048
		高级技工	工日	—	—	—	—
材料	草绳		kg	1.722	2.238	2.890	3.371
	其他材料费		%	1.500	1.500	1.500	1.500

工作内容：场内运输、绕干、余料清理、养护期后清理等。

计量单位：株

定额编号				7-13	7-14	7-15
项目				草绳缠干		
				胸径≤20cm/干径≤24cm		
				缠干高度(m)		
				≤1.5	≤3	>3
名称			单位	消耗量		
人工	合计工日		工日	0.105	0.137	0.139
	其中	普工	工日	0.032	0.041	0.042
		一般技工	工日	0.073	0.096	0.097
		高级技工	工日	—	—	—
材料	草绳		kg	6.000	11.475	14.923
	其他材料费		%	1.500	1.500	1.500

工作内容：场内运输、绕干、余料清理、养护后期清理等。

计量单位：株

定额编号				7-16	7-17	7-18
项目				草绳缠干		
				胸径≤32cm/干径≤35cm		
				缠干高度(m)		
				≤1.5	≤3	>3
名称			单位	消耗量		
人工	合计工日		工日	0.135	0.155	0.179
	其中	普工	工日	0.041	0.047	0.054
		一般技工	工日	0.094	0.108	0.125
		高级技工	工日	—	—	—
材料	草绳		kg	8.610	17.210	20.087
	其他材料费		%	1.500	1.500	1.500

工作内容:场内运输、绕干、余料清理、养护后期清理等。　　**计量单位**:株

定额编号				7-19	7-20	7-21
项目				草绳缠干		
				胸径≤40cm/干径≤45cm		
				缠干高度(m)		
				≤1.5	≤3	>3
名称			单位	消耗量		
人工	合计工日		工日	0.169	0.194	0.223
	其中	普工	工日	0.051	0.058	0.067
		一般技工	工日	0.118	0.136	0.156
		高级技工	工日	—	—	—
材料	草绳		kg	13.746	22.957	38.265
	其他材料费		%	1.500	1.500	1.500

工作内容:场内运输、绕干、余料清理、养护后期清理等。　　**计量单位**:株

定额编号				7-22	7-23	7-24
项目				草绳缠干		
				胸径≤45cm/干径≤50cm		
				缠干高度(m)		
				≤1.5	≤3	>3
名称			单位	消耗量		
人工	合计工日		工日	0.186	0.214	0.246
	其中	普工	工日	0.056	0.064	0.074
		一般技工	工日	0.130	0.150	0.172
		高级技工	工日	—	—	—
材料	草绳		kg	15.121	25.252	42.092
	其他材料费		%	1.500	1.500	1.500

工作内容：场内运输、绕干、余料清理、养护后期清理等。　　　　**计量单位**：株

定额编号				7-25	7-26	7-27
项目				草绳缠干		
				胸径≤50cm/干径≤55cm		
				缠干高度(m)		
				≤1.5	≤3	>3
名称			单位	消耗量		
人工	合计工日		工日	0.204	0.235	0.270
	其中	普工	工日	0.061	0.071	0.081
		一般技工	工日	0.143	0.164	0.189
		高级技工	工日	—	—	—
材料	草绳		kg	16.633	27.777	46.301
	其他材料费		%	1.500	1.500	1.500

三、搭设遮荫棚

工作内容：制作、场内运输、搭设、维护、养护后清理等。　　　　**计量单位**：株

定额编号				7-28	7-29	7-30	7-31
项目				无支撑			
				乔木高度(cm)			
				≤150	≤300	≤500	>500
名称			单位	消耗量			
人工	合计工日		工日	0.030	0.060	0.190	0.290
	其中	普工	工日	0.009	0.018	0.057	0.087
		一般技工	工日	0.021	0.042	0.133	0.203
		高级技工	工日	—	—	—	—
材料	遮荫网		m^2	3.100	12.600	34.900	59.000
	镀锌铁丝 8#～12#		kg	0.800	0.800	0.800	0.800

工作内容:制作、场内运输、搭设、维护、养护后清理等。　　　　**计量单位**:100m²

定额编号				7-32	7-33	7-34
项目				无支撑		
				露地花卉、地被、片植灌木高度(cm)		
				≤100	≤300	≤500
名称			单位	消耗量		
人工	合计工日		工日	4.000	5.000	5.300
	其中	普工	工日	1.200	1.500	1.590
		一般技工	工日	2.800	3.500	3.710
		高级技工	工日	—	—	—
材料	遮荫网		m^2	105.000	105.000	105.000
	竹梢		根	32.000	89.000	127.000
	镀锌铁丝 8# ~12#		kg	11.000	33.000	55.000

工作内容:制作、场内运输、搭设、维护、养护后清理等。　　　　**计量单位**:100m²

定额编号				7-35	7-36	7-37
项目				钢管支撑		
				遮荫棚搭设高度(cm)		
				≤300	≤500	>500
名称			单位	消耗量		
人工	合计工日		工日	7.200	10.900	14.900
	其中	普工	工日	2.160	3.270	4.470
		一般技工	工日	5.040	7.630	10.430
		高级技工	工日	—	—	—
材料	遮荫网		m^2	120.000	120.000	120.000
	钢管		kg	14.000	18.000	21.000
	扣件		套	5.210	8.410	9.070
	镀锌铁丝 8# ~12#		kg	11.190	11.190	10.040
	其他材料费		%	1.500	1.500	1.500

四、搭设防寒棚

工作内容:制作、场内运输、搭设、维护、养护后清理等。 **计量单位**:100m²

定额编号				7-38	7-39	7-40	7-41	7-42
项目				乔木高度(cm)				灌木
				≤200	≤400	≤600	≤800	
名称			单位	消耗量				
人工	合计工日		工日	13.140	21.900	28.470	37.010	5.000
	其中	普工	工日	3.940	6.570	8.540	11.100	1.500
		一般技工	工日	9.200	15.330	19.930	25.910	3.500
		高级技工	工日	—	—	—	—	—
材料	防寒膜		m²	140.000	140.000	145.000	145.000	—
	无纺布		m²	140.000	140.000	145.000	145.000	120.000
	松木干		m	454.900	—	—	—	65.000
	木方 40×30		m	58.300	67.700	75.000	83.300	148.000
	细麻绳		kg	1.300	1.300	1.300	1.300	—
	镀锌铁丝 8#~12#		kg	15.700	15.700	15.700	15.700	25.900
	脚手架钢管		kg	—	9.700	9.900	10.000	—
	直角扣件		个	—	3.600	3.800	4.900	—
	其他材料费		%	1.500	1.500	1.500	1.500	1.500

五、树体输液

工作内容:场内运输、打孔、挂输液袋等。 **计量单位**:10组

定额编号				7-43
项目				树体输液
名称			单位	消耗量
人工	合计工日		工日	0.050
	其中	普工	工日	0.015
		一般技工	工日	0.035
		高级技工	工日	—
材料	袋装营养液		组	10.000
	其他材料费		%	1.500

六、树干涂白

工作内容:场内运输、调制涂白剂、粉刷高度 1.2m、清理等。 **计量单位**:10 株

定额编号				7-44	7-45	7-46	7-47
项目				乔木			
				胸径≤10cm/干径≤12cm	胸径≤20cm/干径≤24cm	胸径≤32cm/干径≤35cm	胸径>32cm/干径>35cm
名称			单位	消耗量			
人工	合计工日		工日	0.100	0.160	0.200	0.260
	其中	普工	工日	0.030	0.048	0.060	0.078
		一般技工	工日	0.070	0.112	0.140	0.182
		高级技工	工日	—	—	—	—
材料	涂白剂		L	1.600	3.300	4.900	12.500

七、栽植基础处理

1.加施基肥

(1)乔木

工作内容:场内运输、拌和、施放、覆土等。 **计量单位**:100 株

定额编号				7-48	7-49	7-50
项目				乔木加施基肥		
				胸径≤6cm/干径≤8cm	胸径≤10cm/干径≤12cm	胸径≤20cm/干径≤24cm
名称			单位	消耗量		
人工	合计工日		工日	0.410	0.451	0.496
	其中	普工	工日	0.123	0.135	0.149
		一般技工	工日	0.287	0.316	0.347
		高级技工	工日	—	—	—
材料	复合肥		kg	1.335	5.660	19.018

工作内容:场内运输、拌和、施放、覆土等。

计量单位:100 株

定额编号				7-51	7-52	7-53
项目				乔木加施基肥		
				胸径≤32cm/干径≤35cm	胸径≤40cm/干径≤45cm	胸径≤50cm/干径≤55cm
名称			单位	消耗量		
人工	合计工日		工日	0.688	0.750	0.908
	其中	普工	工日	0.206	0.225	0.272
		一般技工	工日	0.482	0.525	0.636
		高级技工	工日	—	—	—
材料	复合肥		kg	30.428	43.817	67.302

(2)单株灌木

工作内容:场内运输、拌和、施放、覆土等。

计量单位:100 株

定额编号				7-54	7-55	7-56
项目				单株灌木加施基肥		
				冠径(cm)		
				≤50	≤100	≤150
名称			单位	消耗量		
人工	合计工日		工日	0.173	0.208	0.312
	其中	普工	工日	0.052	0.062	0.094
		一般技工	工日	0.121	0.146	0.218
		高级技工	工日	—	—	—
材料	复合肥		kg	0.735	1.470	3.910

工作内容：场内运输、拌和、施放、覆土等。 **计量单位**：100 株

定额编号				7-57	7-58	7-59
项目				单株灌木加施基肥		
				冠径(cm)		
				≤200	≤250	≤300
名称			单位	消耗量		
人工	合计工日		工日	0.374	0.449	0.540
	其中	普工	工日	0.112	0.135	0.162
		一般技工	工日	0.262	0.314	0.378
		高级技工	工日	—	—	—
材料	复合肥		kg	10.580	14.890	19.280

工作内容：场内运输、拌和、施放、覆土等。 **计量单位**：100 株

定额编号				7-60	7-61	7-62
项目				单株灌木加施基肥		
				冠径(cm)		
				≤350	≤400	>400
名称			单位	消耗量		
人工	合计工日		工日	0.650	0.780	0.936
	其中	普工	工日	0.195	0.234	0.281
		一般技工	工日	0.455	0.546	0.655
		高级技工	工日	—	—	—
材料	复合肥		kg	27.020	34.180	41.010

(3)成片灌木

工作内容：场内运输、拌和、施放、覆土等。　　　　计量单位：100m²

<table>
<tr><td colspan="3">定额编号</td><td>7-63</td></tr>
<tr><td colspan="3">项目</td><td>成片灌木加施基肥</td></tr>
<tr><td colspan="2">名称</td><td>单位</td><td>消耗量</td></tr>
<tr><td rowspan="4">人工</td><td>合计工日</td><td>工日</td><td>0.370</td></tr>
<tr><td>其中 普工</td><td>工日</td><td>0.111</td></tr>
<tr><td>其中 一般技工</td><td>工日</td><td>0.259</td></tr>
<tr><td>其中 高级技工</td><td>工日</td><td>—</td></tr>
<tr><td>材料</td><td>复合肥</td><td>kg</td><td>5.500</td></tr>
</table>

(4)单排绿篱、双排绿篱

工作内容：场内运输、拌和、施放、覆土等。　　　　计量单位：100m

<table>
<tr><td colspan="3">定额编号</td><td>7-64</td><td>7-65</td><td>7-66</td></tr>
<tr><td colspan="3" rowspan="3">项目</td><td colspan="3">单排绿篱加施基肥</td></tr>
<tr><td colspan="3">高度(cm)</td></tr>
<tr><td>≤50</td><td>≤100</td><td>≤150</td></tr>
<tr><td colspan="2">名称</td><td>单位</td><td colspan="3">消耗量</td></tr>
<tr><td rowspan="4">人工</td><td>合计工日</td><td>工日</td><td>0.036</td><td>0.122</td><td>0.146</td></tr>
<tr><td>其中 普工</td><td>工日</td><td>0.011</td><td>0.037</td><td>0.044</td></tr>
<tr><td>其中 一般技工</td><td>工日</td><td>0.025</td><td>0.085</td><td>0.102</td></tr>
<tr><td>其中 高级技工</td><td>工日</td><td>—</td><td>—</td><td>—</td></tr>
<tr><td>材料</td><td>复合肥</td><td>kg</td><td>0.150</td><td>1.020</td><td>1.520</td></tr>
</table>

工作内容:场内运输、拌和、施放、覆土等。 **计量单位**:100m

定额编号				7-67	7-68	7-69
项目				双排绿篱加施基肥		
				高度(cm)		
				≤50	≤100	≤150
名称			单位	消耗量		
人工	合计工日		工日	0.065	0.262	0.219
	其中	普工	工日	0.020	0.079	0.066
		一般技工	工日	0.045	0.183	0.153
		高级技工	工日	—	—	—
材料	复合肥		kg	0.270	1.836	2.736

(5)竹　类

工作内容:场内运输、拌和、施放、覆土等。 **计量单位**:100 株

定额编号				7-70	7-71	7-72	7-73
项目				散生竹加施基肥			
				胸径(cm)			
				≤4	≤6	≤8	≤10
名称			单位	消耗量			
人工	合计工日		工日	0.200	0.240	0.264	0.288
	其中	普工	工日	0.060	0.072	0.079	0.086
		一般技工	工日	0.140	0.168	0.185	0.202
		高级技工	工日	—	—	—	—
材料	复合肥		kg	1.068	2.640	3.144	3.648

工作内容:场内运输、拌和、施放、覆土等。　　　　计量单位:100 丛

定额编号			7-74	7-75	7-76	7-77
项目			丛生竹加施基肥			
			根盘丛径(cm)			
			≤40	≤60	≤70	≤80
名称		单位	消耗量			
人工	合计工日	工日	0.200	0.240	0.264	0.288
	其中 普工	工日	0.060	0.072	0.079	0.086
	其中 一般技工	工日	0.140	0.168	0.185	0.202
	其中 高级技工	工日	—	—	—	—
材料	复合肥	kg	1.240	3.690	3.965	4.240

(6)棕榈类

工作内容:场内运输、拌和、施放、覆土等。　　　　计量单位:100 株

定额编号			7-78	7-79	7-80	7-81	7-82
项目			棕榈类加施基肥				
			地径(cm)				
			≤25	≤40	≤50	≤60	≤70
名称		单位	消耗量				
人工	合计工日	工日	0.208	0.312	0.374	0.530	0.760
	其中 普工	工日	0.062	0.094	0.112	0.159	0.228
	其中 一般技工	工日	0.146	0.218	0.262	0.371	0.532
	其中 高级技工	工日	—	—	—	—	—
材料	复合肥	kg	1.610	3.600	6.069	8.127	13.672

(7)攀缘植物

工作内容:场内运输、拌和、施放、覆土等。　　　　**计量单位:**100株

定额编号		7-83	7-84	7-85	7-86
项目		攀缘植物加施基肥			
		地径(cm)			
		≤2	≤5	≤6	>6
名称	单位	消耗量			
人工 合计工日	工日	0.173	0.225	0.292	0.380
其中 普工	工日	0.052	0.068	0.088	0.114
其中 一般技工	工日	0.121	0.157	0.204	0.266
其中 高级技工	工日	—	—	—	—
材料 复合肥	kg	0.735	0.956	1.242	1.615

(8)地被、露地花卉、草坪

工作内容:场内运输、拌和、施放、覆土等。　　　　**计量单位:**100m^2

定额编号		7-87	7-88	7-89
项目		加施基肥		
		地被、露地花卉、满铺、散铺	草坪	
			植草砖植草	播种
名称	单位	消耗量		
人工 合计工日	工日	0.308	0.103	0.216
其中 普工	工日	0.092	0.031	0.065
其中 一般技工	工日	0.216	0.072	0.151
其中 高级技工	工日	—	—	—
材料 复合肥	kg	5.500	1.833	3.850

2.土壤消毒

工作内容:场内运输、配制消毒剂、种植土拌和等。　　计量单位:10m³

定额编号			7-90
项目			土壤消毒
名称		单位	消耗量
人工	合计工日	工日	0.825
	其中 普工	工日	0.248
	其中 一般技工	工日	0.577
	其中 高级技工	工日	—
材料	消毒剂	kg	0.300
	水	m³	1.500

3.根枝消毒

(1)乔　木

工作内容:场内运输、配制消毒液,根、枝消毒等。　　计量单位:100株

定额编号			7-91	7-92	7-93
项目			乔木根枝消毒		
			胸径≤6cm/干径≤8cm	胸径≤10cm/干径≤12cm	胸径≤20cm/干径≤24cm
名称		单位	消耗量		
人工	合计工日	工日	0.046	0.069	0.104
	其中 普工	工日	0.014	0.021	0.031
	其中 一般技工	工日	0.032	0.048	0.073
	其中 高级技工	工日	—	—	—
材料	消毒剂	kg	0.165	0.758	1.456

工作内容：场内运输、配制消毒液，根、枝消毒等。 计量单位：100 株

定额编号				7-94	7-95	7-96
项目				乔木根枝消毒		
				胸径≤32cm/干径≤35cm	胸径≤40cm/干径≤45cm	胸径≤50cm/干径≤55cm
名称			单位	消耗量		
人工	合计工日		工日	0.155	0.233	0.454
	其中	普工	工日	0.047	0.070	0.136
		一般技工	工日	0.108	0.163	0.318
		高级技工	工日	—	—	—
材料	消毒剂		kg	2.912	4.368	11.357

(2)灌木

工作内容：场内运输、配制消毒液，根、枝消毒等。 计量单位：100 株

定额编号				7-97	7-98	7-99	7-100	7-101
项目				单株灌木根枝消毒				
				冠径(cm)				
				≤50	≤100	≤150	≤200	≤250
名称			单位	消耗量				
人工	合计工日		工日	0.030	0.035	0.042	0.054	0.061
	其中	普工	工日	0.010	0.011	0.013	0.016	0.019
		一般技工	工日	0.020	0.024	0.029	0.038	0.042
		高级技工	工日	—	—	—	—	—
材料	消毒剂		kg	0.020	0.025	0.071	0.167	0.288

工作内容:场内运输、配制消毒液,根、枝消毒等。　　　　**计量单位**:100 株

定额编号				7-102	7-103	7-104	7-105
项目				单株灌木根枝消毒			
				冠径(cm)			
				≤300	≤350	≤400	>400
名称			单位	消耗量			
人工	合计工日		工日	0.073	0.087	0.105	0.125
	其中	普工	工日	0.022	0.026	0.032	0.038
		一般技工	工日	0.051	0.061	0.073	0.087
		高级技工	工日	—	—	—	—
材料	消毒剂		kg	0.480	0.704	0.988	1.382

(3)竹　　类

工作内容:场内运输、配制消毒液,根、枝消毒等。　　　　**计量单位**:100 株

定额编号				7-106	7-107	7-108	7-109
项目				散生竹根枝消毒			
				胸径(cm)			
				≤4	≤6	≤8	≤10
名称			单位	消耗量			
人工	合计工日		工日	0.015	0.030	0.111	0.192
	其中	普工	工日	0.005	0.009	0.033	0.058
		一般技工	工日	0.010	0.021	0.078	0.134
		高级技工	工日	—	—	—	—
材料	消毒剂		kg	0.032	0.067	0.110	0.154

工作内容:场内运输、配制消毒液,根、枝消毒等。 **计量单位**:100 丛

定额编号				7-110	7-111	7-112
项目				丛生竹根枝消毒		
				根盘丛径(cm)		
				≤40	≤60	≤80
名称			单位	消耗量		
人工	合计工日		工日	0.025	0.046	0.078
	其中	普工	工日	0.008	0.014	0.023
		一般技工	工日	0.017	0.032	0.055
		高级技工	工日	—	—	—
材料	消毒剂		kg	0.044	0.083	0.138

(4)棕 榈 类

工作内容:场内运输、配制消毒液,根、枝消毒等。 **计量单位**:100 株

定额编号				7-113	7-114	7-115
项目				棕榈类根枝消毒		
				地径(cm)		
				≤25	≤40	≤50
名称			单位	消耗量		
人工	合计工日		工日	0.081	0.198	0.365
	其中	普工	工日	0.024	0.059	0.110
		一般技工	工日	0.057	0.139	0.255
		高级技工	工日	—	—	—
材料	消毒剂		kg	0.287	0.701	1.294

工作内容:场内运输、配制消毒液,根、枝消毒等。 **计量单位**:100 株

定额编号				7-116	7-117	7-118
项目				棕榈类根枝消毒		
				地径(cm)		
				≤60	≤70	≤80
名称			单位	消耗量		
人工	合计工日		工日	0.647	1.099	1.539
	其中	普工	工日	0.194	0.330	0.462
		一般技工	工日	0.453	0.769	1.077
		高级技工	工日	—	—	—
材料	消毒剂		kg	2.293	3.898	5.457

4.生根催芽

(1)乔木

工作内容:场内运输、配制、喷洒生根剂等。 **计量单位**:100 株

定额编号				7-119	7-120	7-121
项目				乔木生根催芽		
				胸径≤6cm/干径≤8cm	胸径≤10cm/干径≤12cm	胸径≤20cm/干径≤24cm
名称			单位	消耗量		
人工	合计工日		工日	0.037	0.056	0.083
	其中	普工	工日	0.011	0.017	0.025
		一般技工	工日	0.026	0.039	0.058
		高级技工	工日	—	—	—
材料	生根剂		kg	0.060	0.275	2.018

工作内容：场内运输、配制、喷洒生根剂等。 计量单位：100 株

定额编号				7-122	7-123	7-124
项目				乔木生根催芽		
				胸径≤32cm/干径≤35cm	胸径≤40cm/干径≤45cm	胸径≤50cm/干径≤55cm
名称			单位	消耗量		
人工	合计工日		工日	0.125	0.187	0.281
	其中	普工	工日	0.038	0.056	0.084
		一般技工	工日	0.087	0.131	0.197
		高级技工	工日	—	—	—
材料	生根剂		kg	5.395	10.113	14.676

(2)灌　木

工作内容：场内运输、配制、喷洒生根剂等。 计量单位：100 株

定额编号				7-125	7-126	7-127	7-128	7-129
项目				单株灌木生根催芽				
				冠径(cm)				
				≤50	≤100	≤150	≤200	≤250
名称			单位	消耗量				
人工	合计工日		工日	0.050	0.060	0.072	0.086	0.103
	其中	普工	工日	0.015	0.018	0.022	0.026	0.031
		一般技工	工日	0.035	0.042	0.050	0.060	0.072
		高级技工	工日	—	—	—	—	—
材料	生根剂		kg	0.008	0.090	0.259	0.607	1.045

工作内容:场内运输、配制、喷洒生根剂等。 **计量单位**:100 株

定额编号				7-130	7-131	7-132	7-133
项目				单株灌木生根催芽			
				冠径(cm)			
				≤300	≤350	≤400	>400
名称			单位	消耗量			
人工	合计工日		工日	0.124	0.149	0.179	0.215
	其中	普工	工日	0.037	0.045	0.054	0.065
		一般技工	工日	0.087	0.104	0.125	0.150
		高级技工	工日	—	—	—	—
材料	生根剂		kg	0.174	2.554	3.583	5.016

(3)竹 类

工作内容:场内运输、配制、喷洒生根剂等。 **计量单位**:100 株

定额编号				7-134	7-135	7-136	7-137
项目				散生竹生根催芽			
				胸径(cm)			
				≤4	≤6	≤8	≤10
名称			单位	消耗量			
人工	合计工日		工日	0.010	0.015	0.020	0.024
	其中	普工	工日	0.003	0.008	0.006	0.007
		一般技工	工日	0.007	0.007	0.014	0.017
		高级技工	工日	—	—	—	—
材料	生根剂		kg	0.006	0.012	0.025	0.038

工作内容：场内运输、配制、喷洒生根剂等。　　　　**计量单位**：100 丛

定额编号				7-138	7-139	7-140
项目				从生竹生根催芽		
				根盘丛径(cm)		
				≤40	≤60	≤80
名称			单位	消耗量		
人工	合计工日		工日	0.020	0.037	0.063
	其中	普工	工日	0.006	0.011	0.019
		一般技工	工日	0.014	0.026	0.044
		高级技工	工日	—	—	—
材料	生根剂		kg	0.032	0.060	0.100

(4)棕　榈　类

工作内容：场内运输、配制、喷洒生根剂等。　　　　**计量单位**：100 株

定额编号				7-141	7-142	7-143
项目				棕榈类生根催芽		
				地径(cm)		
				≤25	≤40	≤50
名称			单位	消耗量		
人工	合计工日		工日	0.071	0.175	0.322
	其中	普工	工日	0.021	0.053	0.097
		一般技工	工日	0.050	0.122	0.225
		高级技工	工日	—	—	—
材料	生根剂		kg	0.115	0.280	0.518

工作内容:场内运输、配制、喷洒生根剂等。 **计量单位**:100 株

定额编号				7-144	7-145
项目				棕榈类生根催芽	
				地径(cm)	
				≤60	≤70
名称			单位	消耗量	
人工	合计工日		工日	0.571	0.971
	其中	普工	工日	0.171	0.291
		一般技工	工日	0.400	0.680
		高级技工	工日	—	—
材料	生根剂		kg	0.917	1.559

八、脚 手 架

1. 单排、双排钢管脚手架

工作内容:清理场地,搭、拆脚手架,挂安全网,材料堆放,材料场内、外运输等。 **计量单位**:100m²

定额编号				7-146	7-147
项目				钢管脚手架	
				单排	双排
				4m 以内	8m 以内
名称			单位	消耗量	
人工	合计工日		工日	5.535	7.605
	其中	普工	工日	2.214	3.042
		一般技工	工日	3.321	4.563
		高级技工	工日	—	—
材料	脚手架钢管		kg	0.021	0.050
	扣件		个	2.190	6.480
	脚手架钢管底座		个	0.240	0.430
	竹脚手板		m^2	5.110	5.980
	安全网		m^2	2.680	1.380
	其他材料费		%	3.310	3.630
机械	载货汽车 装载质量 6t		台班	0.152	0.371

2. 亭廊脚手架

工作内容: 清理场地,搭、拆脚手架,材料堆放,材料场内、外运输等。 **计量单位:** 100m²

定额编号				7-148
项目				综合脚手架
名称			单位	消耗量
人工	合计工日		工日	17.420
	其中	普工	工日	6.968
		一般技工	工日	10.452
		高级技工	工日	—
材料	脚手架钢管		kg	99.198
	扣件		个	62.681
	木脚手板		m³	0.148
	脚手架钢管底座		个	0.664
	挡脚板		m³	0.010
	其他材料费		%	3.000
机械	载货汽车 装载质量6t		台班	0.591

3. 桥支架

工作内容: 1. 拱桥木拱盔、木支架:场内运输、支架制作、安装、拆除等。
2. 满堂式钢管支架:平整场地、场内运输、搭拆钢管支架、材料堆放等。 **计量单位:** 100m³ 空间体积

定额编号				7-149	7-150	7-151
项目				拱桥木拱盔	木支架	满堂式钢管支架
名称			单位	消耗量		
人工	合计工日		工日	60.720	29.799	15.651
	其中	普工	工日	24.288	11.920	6.261
		一般技工	工日	30.360	14.900	7.826
		高级技工	工日	6.072	2.979	1.564
材料	板枋材		m³	1.533	0.886	—
	原木		m³	0.846	0.240	—
	脚手架钢管		kg	—	—	0.019
	扣件		个	—	—	6.203
	脚手架钢管底座		个	—	—	0.310
	扒钉		kg	80.960	10.300	—
	圆钉(综合)		kg	1.870	3.740	—
机械	履带式起重机 提升质量15t		台班	1.046	0.788	—
	木工圆锯机 直径500mm		台班	1.275	1.900	—

注: 满堂式钢管支架定额只含搭拆,使用费(t·d)由各地区部门自行制定调整办法,工程量按每立方米空间体积50kg计算(包括扣件等)。

九、园建材料二次搬运

1. 人工二次搬运

工作内容:装、运、卸材料,在指定地点堆放、清扫等。

定额编号			7-152	7-153
项目			人工二次搬运	
			运距每增加 10m	
			$10m^3$	10t
名称		单位	消耗量	
人工	合计工日	工日	0.223	0.178
	其中 普工	工日	0.223	0.178
	其中 一般技工	工日	—	—
	其中 高级技工	工日	—	—

2. 人力车二次搬运

工作内容:装、运、卸材料,在指定地点堆放、清扫等。

定额编号			7-154	7-155
项目			人力车二次搬运	
			运距每增加 20m	
			$10m^3$	10t
名称		单位	消耗量	
人工	其中	综合工日	工日	0.112	0.086
		普工	工日	0.112	0.086
		一般技工	工日	—	—
		高级技工	工日	—	—

十、围　堰

工作内容：1. 取土、装袋、码砌、堰心填土及折除后运至岸边堆放等。
2. 木桩钎制作、场内运输、打桩、截平、拆除清理等。

定额编号				7-156	7-157
项目				袋装围堰筑堤	打木桩钎
				m^3	组
名称			单位	消耗量	
人工	合计工日		工日	1.710	0.400
	其中	普工	工日	1.197	0.280
		一般技工	工日	0.513	0.120
		高级技工	工日	—	—
材料	纤维袋 80cm×160cm		条	21.180	—
	黏土		m^3	0.930	—
	木桩钎		根	—	5.150
	钢丝		kg	0.225	—
	镀锌铁丝 8#～12#		kg	—	0.450
	其他材料费		%	2.000	2.000

附　　录

术 语

一、绿化部分:

1. 胸径:地表面向上1.2m高处树干直径。

2. 地径:地表面向上0.1m高处树干直径。

3. 干径:地表面向上0.3m高处树干直径。

4. 冠径:又称冠幅,苗木冠丛垂直投影面的最大直径和最小直径之间的平均值。

5. 冠丛高:地表面至乔(灌)木顶端的高度。

6. 乔木:树体高大,而且有明显主干的树种。

7. 灌木:植株没有明显的主干,分枝能力较强,而且株体生长较为矮的树木。

8. 丛生竹:聚集在一处生长的竹类。

9. 根盘丛径:丛生竹三株或三株以上的丛生在一起而形成的束状结构根盘的直径。

10. 绿篱:用园林植物成行地紧密种植而成的篱笆。

11. 露地花卉:适应能力较强,能在自然条件下露地栽培应用的一类花卉。

12. 草本花卉:从外形上看没有主茎或者虽有主茎,没有木质化或仅有株体基部木质化的花卉。按其生育期长短不同,可分为一年生、二年生和多年生几种。

13. 球根、块根花卉:多年生草本花卉中,非须根类、变态茎类。其地下根部为粗壮的内质根或肥大块状;变态茎类地下部分为适应生存需要而变态成为鳞茎盘根或由鳞叶包裹成球形,或变成球形、不规则块茎等。

14. 宿根花卉:植株地下部分可以宿存于土壤中越冬,翌年春天地上部分又可以萌发生长、开花结籽的多年生草本花卉。

15. 地被植物:用于覆盖地面密集、低矮、无主枝干的植物。

16. 水生植物:不适应于旱地栽培,需要生活在水中的植物。

17. 冷季型草坪:耐寒性较强,在部分地区冬季呈常绿状态或休眠状态,最适宜生长温度为15~20℃,耐高温能力差,在南方越夏较困难的草铺(播)种的草坪。

18. 暖季型草坪:冬季呈休眠状态,早春开始返青,复苏后生长旺盛,最适宜生长温度为26~32℃的草铺(播)种的草坪。

19. 满铺草坪:将草皮切成一定长、宽、厚的草皮条,以1~2cm的间距临块接缝错开,铺设于场地内的草坪。

20. 散铺草坪:将草皮切成长方形的草皮块,按3~6cm间距或梅花式相间排列的方式,铺设于场地内的草坪。

21. 攀缘植物:能缠绕或依靠附属器官攀附他物向上生长的植物。

22. 古树名木:树龄在一百年以上的树木,珍贵稀有的树木,具有历史、文化、科研价值的重要纪念意义等的树木统称。

23. 大规格树木:胸径大于20cm的落叶乔木和胸径大于15cm的常绿乔木。

24. 假植:苗木不能及时栽植时,将苗木根系用湿润土壤做临时性填埋的绿化工程措施。

25. 栽植工程植物养护:园林植物栽植后至竣工验收移交期间的养护管理。

二、园建部分:

1. 乱铺冰片石:又称碎石板,采用形状不规则的石片在地面上铺贴出纹理,多数为冰裂缝,使路面显得比较别致。

2. 桥台:位于桥的两端,与岸衔接,传递桥的推力到岸。

3. 桥墩：多跨桥梁的中间支承结构物。

4. 拱券：指用砖、石做成的拱形砌体。

5. 券脸：石券最外端的一圈露明的券石。

6. 石桥檐板：即仰天石，指位于桥面两边的边缘石。

7. 石望柱：栏杆与栏板之间的短柱。

8. 地伏石：栏杆最下层的横石。

9. 抱鼓石：位于石桥栏杆的前、后端部，形似圆鼓用于稳固望柱的石作构件。

10. 湖石：湖石是产于湖崖中，由长期沉积的粉砂及水的溶蚀作用所形成的一种石灰岩，该石的特点是经湖水溶蚀后形成有大小不同的洞窝和环沟，具有圆润柔曲、嵌空婉转、玲珑剔透的外形，如太湖石、宜兴石、龙潭石、灵壁石、湖口石、巢湖石、房山石等。

11. 山石：山石是中生代红、黄色砂、泥岩层岩石的一种统称，材质较硬，小块石料常因自然岩石风化冲刷而崩落后沿节理面分解而成，呈不规则的多面体，如黄石、孔雀石、方解石、鱼眼石、菊花石、大理石、铁矿石、硅灰石等假山石料。

12. 人造石峰：将若干湖石或山石辅以条石或钢筋混凝土预制板，用水泥砂浆、细石混凝土和铁件堆砌起来，形成石峰造型的一种假山。

13. 塑假山：指用砖、型钢、混凝土等材料做骨架，通过用钢丝网、水泥砂浆抹灰塑型、刻划、表面上色等方法制作成型的假山。

14. 土山点石：指在矮坡形土山和草坪上及树根旁等，为点缀景致而布置的石景，如子母石、散兵石等。

15. 布置景石：指除堆砌假山、人造石峰、土山点石之外的独块或数块景石布置安装，如特置的各种形式单峰石、象形石、石供石、花坛石景以及院门、道路两旁的对称石等。

16. 椽子：屋面基层的最底层构件，垂直安放在檩木之上，承担屋面砖瓦荷载的构件。

17. 椽望板：古建筑中飞沿部分，并连有飞椽和出沿重叠之板。

18. 戗翼板：古建筑中翅角部位，并连有摔网椽的翼角板。

19. 蒲公英喷头：又名水晶绣球喷头，是在一个球形配水室上辐射安装着许多支管，每根支管的外端装有向周围折射的喷嘴，从而组成一个大的球体。喷水时，水姿形如蒲公英花球。

20. 微喷：利用微喷头、微喷带等设备，以喷洒的方式实施灌溉的灌水方法。

21. 滴灌：利用滴头、滴灌管(带)等设备，以滴水或细小水流的方式，湿润植物根区附近部分土壤的灌水方法。

22. 喷灌：喷洒灌溉的简称，是利用专门设备将有压水流送到灌溉地段，通过喷头以均匀喷洒方式进行灌溉的方式。

主 管 单 位:贵州省建设工程造价管理总站

主 编 单 位:贵州省建筑设计研究院有限责任公司

参 编 单 位:北京市建设工程造价管理处

内蒙古自治区建设工程造价管理总站

湖南省建设工程造价管理总站

贵州省公园绿地协会

贵阳市生态文明建设委员会

贵阳市园林绿化科学研究院

贵阳市城市绿化管理处

贵州建工集团第十一建筑工程有限责任公司

贵州汇纵生态建设股份有限公司

贵州黔惠通工程造价事务有限公司

贵州绿地园林建设实业有限公司

编制专家组:杨跃光 姬保山 曾奕辉 曾 静 莫金玲 涂志强 王 剑 钱 沪 项 霞 高小文 乔晋瑜 吴朝霞 龚 宪 陈振声 赵春林 夏思阳 杨成华 杨荣和 王志泰

编 制 人 员:龙 皎 张太群 何江兰 周 琳 袁 欣 王大艳 曾凡梅 段元敏 付 敏 吕 徐 毛羽华 李 伟 黄文婷 张奇志 陈 曦 张 玮 刘友强 杨艳斌 郭桂华 马 媛 刘小莉 崔 凯 张 鑫 刘春霞 雷京儒 胡再祥 曾湘华 黄涵羚 赵国彦 曾爱平 刘卓然 雷庆婕

审 查 专 家:胡传海 王海宏 胡晓丽 董士波 王中和 唐亚丽 庞宗琨 冯桂华 许淑云 杨国平 高雄映 原 波 杨晓春 傅徽楠 项卫东

软 件 操 作:梁 旭 杨秀慧